高等职业教育工程机械类专业规划教材

Diangong Dianzi Jichu
电工电子基础

王　俊　王霁霞　**主　编**
杨　浩　祁少华　**副主编**
杨基海[中国科学技术大学]　**主　审**

人民交通出版社

内 容 提 要

本书内容包括电路及其分析方法、正弦交流电路、磁路及电磁元件、电动机、电动机的控制系统、常用半导体器件、放大电路基础、门电路与组合逻辑电路、触发器与时序逻辑电路、工程机械电子控制技术，共 10 个单元。

本书可供高等职业院校工程机械相关专业教学使用，也可作为相关行业岗位培训或自学用书，同时也可供机械类各行业相关人员学习参考。

图书在版编目（CIP）数据

电工电子基础 / 王俊，王霁霞主编. —北京：人民交通出版社，2013.5
ISBN 978-7-114-10521-0

Ⅰ. ①电… Ⅱ. ①王… ②王… Ⅲ. ①电工技术—高等职业教育—教材②电子技术—高等职业教育—教材
Ⅳ. ①TM②TN

中国版本图书馆 CIP 数据核字（2013）第 065903 号

高等职业教育工程机械类专业规划教材

书　　名：	电工电子基础
著 作 者：	王　俊　王霁霞
责任编辑：	丁润铎
出版发行：	人民交通出版社股份有限公司
地　　址：	（100011）北京市朝阳区安定门外外馆斜街 3 号
网　　址：	http://www.ccpress.com.cn
销售电话：	（010）59757973
总 经 销：	人民交通出版社股份有限公司发行部
经　　销：	各地新华书店
印　　刷：	北京市密东印刷有限公司
开　　本：	787×1092　1/16
印　　张：	12.75
字　　数：	323 千
版　　次：	2013 年 5 月　第 1 版
印　　次：	2019 年 6 月　第 4 次印刷
书　　号：	ISBN 978-7-114-10521-0
定　　价：	30.00 元

（有印刷，装订质量问题的图书由本社负责调换）

高等职业教育工程机械类专业
规划教材编审委员会

主任委员 张　铁(山东交通学院)

副主任委员

　　沈　旭(南京交通职业技术学院)　　邰　茜(河南交通职业技术学院)
　　吕其惠(广东交通职业技术学院)　　吴幼松(安徽交通职业技术学院)
　　李文耀(山西交通职业技术学院)　　贺玉斌(内蒙古大学)

委　员

　　丁成业(南京交通职业技术学院)　　王　健(内蒙古大学)
　　王　俊(安徽交通职业技术学院)　　王德进(新疆交通职业技术学院)
　　田兴强(贵州交通职业技术学院)　　代绍军(云南交通职业技术学院)
　　孙珍娣(新疆交通职业技术学院)　　闫佐廷(辽宁省交通高等专科学校)
　　刘　波(辽宁省交通高等专科学校)　祁贵珍(内蒙古大学)
　　吴明华(安徽交通职业技术学院)　　杜艳霞(河南交通职业技术学院)
　　吴　哲(辽宁省交通高等专科学校)　陈华卫(四川交通职业技术学院)
　　李云聪(山西交通职业技术学院)　　李光林(山东交通职业技术学院)
　　张炳根(湖南交通职业技术学院)　　杨　川(成都铁路学校)
　　杨长征(河南交通职业技术学院)　　赵　波(辽宁省交通高等专科学校)
　　高贵宝(山东职业学院)　　　　　　徐化娟(甘肃交通职业技术学院)
　　徐永杰(鲁东大学)　　　　　　　　罗江红(新疆交通职业技术学院)
　　张宏春(江苏省交通技师学校)　　　田晓华(江苏省扬州技师学院)

特邀编审委员

　　万汉驰(三一重工股份有限公司)　　刘士杰(中交西安筑路机械有限公司)
　　孔渭翔(徐工集团挖掘机械有限公司)　张立银(山推工程机械股份有限公司工程机械研究总院)
　　王彦章(中国龙工挖掘机事业部)　　李世坤(中交西安筑路机械有限公司)
　　王国超(山东临工工程机械有限公司重机公司)　李太杰(西安达刚路面机械股份有限公司)
　　孔德锋(济南力拓工程机械有限公司)　季旭涛(力士德工程机械股份有限公司)
　　韦　耿(广西柳工机械股份有限公司挖掘机事业部)　赵家宏(福建晋工机械有限公司)
　　田志成(国家工程机械质量监督检验中心)　姚录廷(青岛科泰重工机械有限公司)
　　冯克敏(成都市新筑路桥机械股份有限公司)　顾少航(中联重科股份有限公司渭南分公司)
　　任华杰(徐工集团筑路机械有限公司)　谢　耘(山东临工工程机械有限公司)
　　吕　伟(广西玉柴重工有限公司)　　禄君胜(山推工程机械股份有限公司)

秘书长 丁润铎(人民交通出版社)

总　序

中国高等职业教育在教育部的积极推动下,经过10年的"示范"建设,现已进入"标准化"建设阶段。

2012年,教育部正式颁布了《高等职业学校专业教学标准》,解决了我国高等职业教育教什么,怎么教,教到什么程度的问题。为培养目标和规格、组织实施教学、规范教学管理、加强专业建设、开发教材和学习资源提供了依据。

目前,国内开设工程机械类专业的高等职业学校,大部分是原交通运输行业的院校,现交通职业学院,而且这些院校大都是教育部"示范"建设学校。人民交通出版社审时度势,利用行业优势,集合院校10年示范建设的成果,组织国内近20所开设工程机械类专业高等职业教育院校专业负责人和骨干教师,于2012年4月在北京举行"示范院校工程机械专业教学教材改革研讨会"。本次会议的主要议题是交流示范院校工程机械专业人才培养工学结合成果、研讨工程机械专业课改教材开发。会议宣布成立教材编审委员会,张铁教授为首届主任委员。会议确定了8种专业平台课程、5种专业核心课程及6种专业拓展课程的主编、副主编。

2012年7月,高等职业教育工程机械类专业教材大纲审定会在山东交通学院顺利召开。各位主编分别就教材编写思路、编写模式、大纲内容、样章内容和课时安排进行了说明。会议确定了14门课程大纲,并就20门课程的编写进度与出版时间进行商定。此外,会议代表商议,教材定稿审稿会将按照专业平台课程、专业核心课程、专业拓展课程择时召开。

本教材的编写,以教育部《高等职业学校专业教学标准》为依据;以培养职业能力为主线;任务驱动、项目引领、问题启智;教、学、做一体化;既突出岗位实际,又不失工程机械技术前沿;同时将国内外一流工程机械的代表产品及工法、绿色节能技术等融入其中。使本套教材更加贴近市场,更加适应"用得上,下得去,干得好"的高素质技能人材的培养。

本套教材适用于教育部《高等职业学校专业教育标准》中规定的"工程机械控制技术(520109)"、"工程机械运用与维护(520110)"、"公路机械化施工技术(520112)"、"高等级公路维护与管理(520102)"、"道路桥梁工程技术(520108)"等专业。

本套教材也可作为工程机械制造企业、工程施工企业、公路桥梁施工及养护企业等职工培训教材。

本套教材也是广大工程机械技术人员难得的技术读本。

本套教材是工程机械类专业广大高等职业示范院校教师、专家智慧和辛勤劳动的结晶。在此向所有参与者表示敬意和感谢。

高等职业教育工程机械类专业规划教材编审委员会

2013年1月

前　言

　　《电工电子基础》是工程机械专业相关人才培养培训主要课程之一。本教材根据高等职业技术人才的培养目标，理论知识在"系统性"前提下以够用为主，并注重能力的培养，努力使内容的取舍合理。本书内容包括电路及其分析方法、正弦交流电路、磁路及电磁元件、电动机、电动机的控制系统、常用半导体器件、放大电路基础、门电路与组合逻辑电路、触发器与时序逻辑电路、工程机械电子控制技术，共10个单元。

　　本书由王俊、王霁霞担任主编，杨浩、祁少华担任副主编。具体编写分工如下：安徽交通技术学院的王俊编写了单元5、单元6、单元7，云南交通职业技术学院的王霁霞编写了单元1、单元2，王霁霞与云南交通职业技术学院的何俊美共同编写了单元10，内蒙古大学的杨浩编写了单元3，内蒙古大学的祁少华编写了单元4、单元8、单元9。全书由王俊负责统稿，由中国科学技术大学杨基海教授担任主审。

　　由于编者水平有限，加之编写时间较紧，书中不妥和谬误之处，敬请读者批评指正。

编　者

2013年2月

目 录

单元1 电路及其分析方法 1
 1.1 电路的基本概念 1
 1.2 电路元件 6
 1.3 两种电源模型及其等效互换 9
 1.4 基尔霍夫定律 12
 1.5 支路电流法 13
【单元小结】 13
【思考与练习】 14
【拓展学习】 15
 拓展1 叠加定理 15
 拓展2 戴维南定理 16
【技能训练】 17
 实训1 数字万用表的使用 17
 实训2 基尔霍夫定律的验证 18

单元2 正弦交流电路 20
 2.1 正弦量的概念 20
 2.2 正弦交流电路的分析 23
 2.3 三相交流电路 31
 2.4 安全用电常识 36
【单元小结】 38
【思考与练习】 39
【拓展学习】 40
 拓展3 R、L、C电路的串联谐振 40
【技能训练】 41
 实训3 日光灯电路实训 41

单元3 磁路及磁路元件 44
 3.1 磁路 44

3.2 交流铁芯线圈电路 ……………………………………………………………… 49
3.3 变压器 …………………………………………………………………………… 51
【单元小结】 ………………………………………………………………………… 54
【思考与练习】 ……………………………………………………………………… 55
【拓展学习】 ………………………………………………………………………… 55
　　拓展 4　特殊变压器 …………………………………………………………… 55

单元 4　电动机 …………………………………………………………………………… 60
4.1 三相异步电动机 ………………………………………………………………… 60
4.2 直流电动机 ……………………………………………………………………… 72
【单元小结】 ………………………………………………………………………… 74
【思考与练习】 ……………………………………………………………………… 75
【拓展学习】 ………………………………………………………………………… 75
　　拓展 5　单相异步电动机 ……………………………………………………… 75
【技能训练】 ………………………………………………………………………… 76
　　实训 4　三相异步电动机的使用 ……………………………………………… 76

单元 5　常用低压电器及控制系统 ……………………………………………………… 79
5.1 常用低压电器 …………………………………………………………………… 79
5.2 三相异步电动机接触器—继电器控制电路 …………………………………… 88
【单元小结】 ………………………………………………………………………… 91
【思考与练习】 ……………………………………………………………………… 91
【拓展学习】 ………………………………………………………………………… 91
　　拓展 6　三相异步电动机正反转控制 ………………………………………… 91

单元 6　常用半导体器件 ………………………………………………………………… 94
6.1 半导体基础知识 ………………………………………………………………… 94
6.2 半导体二极管 …………………………………………………………………… 97
6.3 特殊二极管 ……………………………………………………………………… 98
6.4 直流稳压电源 …………………………………………………………………… 100
6.5 半导体三极管 …………………………………………………………………… 105
【单元小结】 ………………………………………………………………………… 109
【思考与练习】 ……………………………………………………………………… 109
【拓展学习】 ………………………………………………………………………… 110
　　拓展 7　场效应晶体管 ………………………………………………………… 110
【技能训练】 ………………………………………………………………………… 113

        实训 5　示波器的原理和使用 113
        实训 6　整流、滤波、稳压电路的安装和测试 115

单元 7　放大电路基础 117
　7.1　共发射极放大电路 117
　7.2　多级放大电路 124
　7.3　放大电路中的反馈 125
　7.4　集成运算放大器 127
　【单元小结】 132
　【思考与练习】 132
　【拓展学习】 133
　　拓展 8　射极输出器 133
　　拓展 9　电压比较器 134
　【技能训练】 135
　　实训 7　二极管与三极管的识别与检测 135
　　实训 8　基本放大电路的测试与调整 136

单元 8　门电路与组合逻辑电路 138
　8.1　数字电路概述 138
　8.2　门电路 143
　8.3　组合逻辑电路的分析 147
　8.4　常用的组合逻辑电路 149
　【单元小结】 153
　【思考与练习】 153
　【拓展学习】 155
　　拓展 10　组合逻辑电路的设计 155
　【技能训练】 156
　　实训 9　门电路逻辑功能及测试 156

单元 9　触发器与时序逻辑电路 158
　9.1　触发器 158
　9.2　时序逻辑电路 163
　【单元小结】 168
　【思考与练习】 169
　【拓展学习】 170
　　拓展 11　寄存器 170

【技能训练】·· 171
　　实训 10　集成触发器的测试 ··· 171
单元 10　工程机械电子控制技术 ·· 173
　10.1　工程机械电子控制技术概述 ·· 173
　10.2　传感器 ·· 175
　10.3　电子控制单元（ECU） ··· 180
　10.4　执行器 ·· 182
　10.5　电子控制技术在工程机械上的应用 ·· 183
　【单元小结】·· 187
　【思考与练习】·· 187
　【拓展学习】·· 187
　　拓展 12　CAN 总线网络 ·· 187
参考文献 ·· 190

单元 1
电路及其分析方法

知识目标

掌握电路模型和电路基本物理量的概念,了解电路基本元器件的基础知识,掌握电路的基本定律以及电路分析的常用方法。

1.1 电路的基本概念

1.1.1 电路与电路模型

电路是电流流通的路径,它由各种电子元器件(或电工设备)按一定方式连接起来。电路的主要作用是:

(1)实现电能的传输和转换。如灯泡在电流通过时将电能转换成光能。

(2)实现电信号的传递和处理。如收音机将接收到的电信号通过电路传递、处理后使得声音还原。

电路一般由以下三个部分组成。

(1)电源(供能元件):将其他形式的能量转变为电能,是为电路提供电能的设备和器件。工程机械电路中常用的电源有发电机和蓄电池等。

(2)负载(耗能元件):把电能转变成其他形式的能量,是消耗电能的设备和器件。工程机械上的负载有很多,如启动机、照明灯、电磁阀等。

(3)中间环节:将电源和负载连接成闭合电路的导线、开关和保护装置等。开关是控制电路工作状态的器件或设备。工程机械上有很多开关,如电源开关、点火开关等。

实际电路一般由多种电路元件组成,如图1-1所示。电路中各种元件所具有的电磁性质较为复杂,为了便于对实际电路进行分析和计算,我们将实际电路理想化,即在一定条件下突出其主要的电磁性质,忽略其次要的因素,把它看成理想电路元件。由理想电路元件组合来代替实际电路元件组成的电路称为实际电路的电路模型。

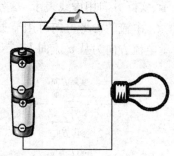

图1-1 实际电路

理想电路元件主要有电源元件(电压源和电流源)和负载元件(电阻元件、感元件、电容元件)等,如图 1-2 所示。由理想电路元件组成的电路称为理想电路模型,简称电路模型,如图 1-3 所示。图中假定实际电源的内阻忽略不计。

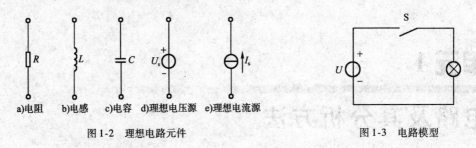

图 1-2　理想电路元件　　　　　　　　　图 1-3　电路模型

1.1.2　电路的基本物理量

1) 电流

在电场力的作用下,处于电场内的电荷发生定向移动,形成了电流。电流分直流和交流两种。大小和方向都不随时间变化的电流称为直流电流;大小和方向随时间作周期性变化的电流称为交流电流。习惯上,用大写字母 I 表示直流电流,用小写字母 i 表示交流电流。

电流的大小称为电流强度(简称电流,符号为 i)。单位时间内通过某一导体横截面的电荷量称为电流强度,即:

$$i = \frac{dq}{dt} \tag{1-1}$$

在直流电路中,电流强度可表示为:

$$I = \frac{Q}{t} \tag{1-2}$$

在国际单位制(SI)中,电流的单位是安培,它的含义是在 1 秒(s)内通过导体横截面的电荷量为 1 库仑(C)时,其电流为 1 安培(A)。电流常用的单位还有毫安(mA)、微安(μA)等,它们之间的换算关系为:

$$1A = 10^3 mA = 10^6 \mu A$$

习惯上规定正电荷定向移动的方向为电流的实际方向。在电路的分析计算中,因为电流的实际方向有时难以判断,也可能是随时间变动的,这时可以任意假定一个电流方向,假定的电流方向称为电流的参考方向。在分析电路时,首先要假定参考方向,并据此分析计算。电流为正值时,参考方向和实际方向相同;电流为负值时,参考方向和实际方向相反。如图 1-4 所示,实际方向用虚线表示,参考方向用实线表示。

电流的参考方向可用箭头表示,也可用字母表示,如图 1-5 所示,用双下标表示时为 i_{ab},表示电流方向为从 a 流向 b。

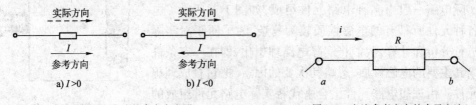

图 1-4　电流的参考方向图　　　　　　　图 1-5　电流参考方向的表示方法

2) 电压

电压用来表示电场力做功的能力。电压也分直流和交流两种,如果电压的大小及方向都不随时间变化,则称为稳恒电压或恒定电压,简称为直流电压,用大写字母 U 表示;如果电压的大小及方向随时间作周期性变化,则称为交流电压,用小写字母 u 表示。

在电路中,电场力把单位正电荷从电场中的 a 点移至 b 点所做的功称为 a、b 间的电压。如果设正电荷 $\mathrm{d}q$ 从 a 点移动至 b 点电场力所做的功为 $\mathrm{d}w$,则 a、b 间的电压为:

$$u_{ab} = \frac{\mathrm{d}w}{\mathrm{d}q} \tag{1-3}$$

在直流电路中,电压可表示为:

$$U = \frac{W}{Q} \tag{1-4}$$

在国际单位制中,当电场力把 1 库仑(C)的正电荷从一点移至另一点所做的功为 1 焦耳(J)时,则这两点间的电压为 1 伏特(V)。电压常用的单位还有毫伏(mV)、微伏(μV)、千伏(kV)等,它们之间的换算关系是:

$$1\mathrm{kV} = 10^3\mathrm{V}$$
$$1\mathrm{V} = 10^3\mathrm{mV} = 10^6\mu\mathrm{V}$$

习惯上规定把电位降低的方向作为电压的实际方向。在电路的分析计算中,首先也要假定电压的参考方向,并据此分析计算。电压为正值时,参考方向和实际方向相同;电压为负值时,参考方向和实际方向相反,如图 1-6 所示。电压的参考方向可用箭头表示,也可用 u_{ab} (U_{ab}) 表示,也可用极性"+"、"-"号表示,如图 1-7 所示。

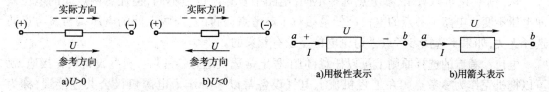

图 1-6 电压的参考图   图 1-7 电压参考方向的表示

在电路的分析计算中,电流、电压参考方向可以任意假定。但为了分析计算的方便,元件上的电流方向与电压的方向常选取一致,称为关联参考方向。

3) 电位

电位是度量电势能大小的物理量,在数值上等于电场力将单位正电荷从该点移到参考点所做的功,即:

$$V = \frac{W}{Q} \tag{1-5}$$

由此可以看出:电路中任意一点的电位,就是该点与参考点之间的电压;而电路中任意两点之间的电压,则等于这两点间的电位差。因此,电位的测量实质上就是电压的测量,即测量该点与参考点之间的电压。电压与电位的关系为:

$$U_{AB} = V_A - V_B \tag{1-6}$$

电位的单位和电压相同,都用伏特(V)表示。

为了确定电路中各点的电位值,可任意选择电路中的某一点作为参考点,假定其电位为零。此时电路中其他各点的电位都是与参考点进行比较而言的,或者说,电路中某点的电位就是这一点与参考点之间的电压。

[**例1-1**] 如图1-8所示,分别以 O、B、A 点为参考点计算各点电位。

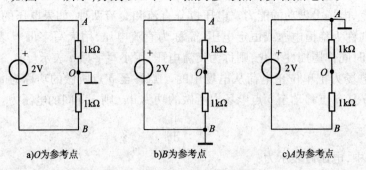

a) O 为参考点　　b) B 为参考点　　c) A 为参考点

图1-8 [例1-1]图

解:(1)在图1-8a)中,选择 O 点为参考点,即 $V_O = 0\text{V}$。

$U_{AO} = V_A - V_O = 1\text{V}$　　则 $V_A = 1\text{V}$

$U_{OB} = V_O - V_B = 1\text{V}$　　则 $V_B = -1\text{V}$

(2)在图1-8b)中,选择 B 点为参考点,即 $V_B = 0\text{V}$。

$U_{AB} = V_A - V_B = 2\text{V}$　　则 $V_A = 2\text{V}$

$U_{OB} = V_O - V_B = 1\text{V}$　　则 $V_O = 1\text{V}$

(3)在图1-8c)中,选择 A 点为参考点,即 $V_A = 0\text{V}$。

$U_{AB} = V_A - V_B = 2\text{V}$　　则 $V_B = -2\text{V}$

$U_{AO} = V_A - V_O = 1\text{V}$　　则 $V_O = -1\text{V}$

从[例1-1]可以看出,参考点选择不同,电路中各点电位也不同,但任意两点间的电位差即电压不变。电路中各点的电位高低是相对于参考点而言的,而两点间的电压则与参考点的选择无关,如果不选择参考点去讨论电位是没有意义的。

电位参考点的选择原则上可以任意,但工程上常选大地为参考点。有些设备机壳接地,就可以把机壳作为参考点。在工程机械上电气设备常以车身作为电源负极公共连接端,称为"负极搭铁"。因此在对工程机械电气电路进行检测时,参考点一般选择为车身,在电路图中用符号"⊥"表示。

4) 电动势

电动势是一个表征电源特征的物理量。电源的电动势是电源将其他形式的能量转化为电能的本领,在数值上等于非电场力将单位正电荷从电源的负极通过电源内部移送到正极时所做的功。电动势常用符号 E 表示,单位是伏特(V)。

假设在电源内部非电场力把正电荷 dq 从低电位移至高电位所做的功为 dw,则电源的电动势为:

$$E = \frac{dw}{dq} \tag{1-7}$$

在电源内部,电动势的方向由低电位指向高电位。因此,电动势的方向规定为由电源负极经电源内部指向电源正极。

5) 电功和电功率

电路中电场力对定向移动的电荷所做的功,简称电功,通常也说成是电流的功。电功体现了电路中能量的转化与守恒。

对于一段导体而言,两端电势差为 U,把电荷 q 从一端搬至另一端,电场力所做的功:

$$W = qU \tag{1-8}$$

在导体中的电流与电荷的关系有 $q = It$,则:

$$W = qU = UIt \tag{1-9}$$

这就是电路中电场力做功即电功的表达式。在国际单位制中,功的单位是焦耳(J)。

单位时间内消耗的电能称为电功率,也就是电场力在单位时间内所做的功。设电场力在 dt 时间内所做的功为 dw,则电功率表示为:

$$p = \frac{dw}{dt} \tag{1-10}$$

在国际单位制中,功率的单位是瓦特(W)。

电功率与电压和电流有着密切的关系,例如电路两端的电压是 U,流过的电流是 I,电压与电流的参考方向为关联参考方向,则电路的电功率为:

$$P = UI \tag{1-11}$$

对于纯电阻(消耗的电能全部转化成热能)元件,因欧姆定律成立,所以有:

$$P = UI = I^2 R = \frac{U^2}{R} \tag{1-12}$$

在电路分析中,不仅要计算功率的大小,有时还要判断功率的性质,即该元件是产生功率还是消耗功率。对任一个电路元件,当流经元件的电流实际方向与元件两端电压的实际方向一致时,元件吸收功率;电流与电压实际方向相反时,元件发出功率。

[例1-2] 试判断图1-9中的电阻元器件是发出功率还是吸收功率。

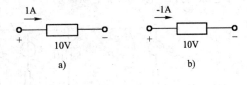

解:在图1-9a)中,电压、电流是关联参考方向,且 $P = UI = 10W > 0$,元器件吸收功率。

在图1-9b)中,电压、电流是关联参考方向,且 $P = UI = -10W < 0$,元器件发出功率。

图1-9 [例1-2]图

1.1.3 电路的工作状态

当电源与负载相连接时,根据所连接负载的情况,电路有三种工作状态:有载、短路、开路。

1) 有载状态

有载状态即电源与负载形成通路,如图1-10a)所示。电路中的电流为:

$$I = \frac{E}{R_L + R_0} \tag{1-13}$$

由式(1-13)可见,当电源的电动势 E 和内阻 R_0 一定时,电路中电流的大小取决于负载的大小。电源的路端电压(端压)为:

$$U = E - IR_0 \tag{1-14}$$

电源的端压小于电动势。当电源的内阻 R_0 很小时,可以忽略不计,此时可以认为电源的端压等于电动势。

在实际使用电路中,通常负载是并联运行的,当负载增加时,负载所取用的总电流和总功率都会增加,电源输出的功率和电流也会增加。由此可见,电源的输出功率和电流取决于负载的大小。如果负载的功率和电流过大,就会造成事故。因此,为了使电气设备能安全可靠,经济运行,引入了电气设备额定值,就是电气设备在电路的正常运行状态下,长时间能承受的电压和允许通过的电流,以及它们吸收和产生功率的限额。

额定值是制造厂家为了使产品能在给定的工作条件下正常运行而规定的正常容许值。因此,制造厂在制定产品的额定值时,要全面考虑使用的经济性、可靠性以及寿命等因素,特别要保证设备的工作温度不超过规定的容许值。电气设备或元件的额定值常标在铭牌上或写在其他说明中,在使用时必须充分考虑额定数据。如一个白炽灯上标明220V、60W,这说明额定电压220V,在此额定电压下消耗功率60W。

当通过电气设备的电流等于额定电流时,称为满载工作状态。电流小于额定电流时,称为轻载工作状态;超过额定电流时,称为过载工作状态。

2) 短路状态

如图1-10b)所示,当电源两端被连接起来时,外电路的电阻可视为零。当$R_L = 0$时,有$U = U_L = 0, I = \dfrac{E}{R_0}$,称电路处于短路状态。

短路时,电路中电流达到最大,可能导致电路的损坏或烧毁,故一般情况下短路是应该避免的。

3) 开路状态

如图1-10c)所示,当开关断开时,称电路处于开路状态。

开路时,外电路的电阻对电源来说相当于无穷大。当$R_L = \infty$时,有$I = 0, U = E, U_L = 0$,即:电源的开路电压等于电动势。

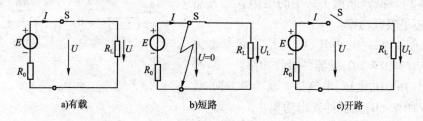

图1-10 电路的工作状态

1.2 电路元件

最简单的电路元件是二端元件,元件只有两个端头与外电路连接。在电路中通过二端元件的电流和元件两端电压有确定的变化规律,因此二端元件的特性可以用它的电压和电流的关系(伏安特性)来描述。二端元件分为有源二端元件和无源二端元件。本节只介绍无源二端元件,即电阻元件、电感元件和电容元件。

1.2.1 电阻元件

1) 电阻的特性

电阻元件是从实际电阻器中抽象出来的电路模型,表示导体对电流阻碍作用的大小,是反映实际电路中耗能情况的元件,如电阻器、电炉、照明器具等。电阻用字母R表示。当电阻元件两端的电压与流过的电流为关联参考方向时(图1-11),根据欧姆定律,电压与电流的关系为:

$$u = Ri \qquad (1-15)$$

当电阻元件两端的电压与流过的电流为非关联参考方向时(图 1-12),根据欧姆定律,电压与电流的关系为:

$$u = -Ri \tag{1-16}$$

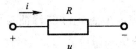
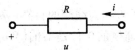

图 1-11 电阻元件关联参考方向　　　　　图 1-12 电阻元件关联参考方向

在关联参考方向下,当 $R = \dfrac{u}{i}$ 为常数,则称 R 为线性电阻。

在国际单位制中,当电阻两端的电压为 1 伏特(V),流过电阻的电流为 1 安培(A)时,电阻为 1 欧姆(Ω)。

电阻元件的功率为:

$$P = ui = Ri^2 = \dfrac{u^2}{R} \geq 0 \tag{1-17}$$

由上式可知,电阻总是消耗电能的。

2) 电阻器分类

电阻器是电路中最常见的元件,常用的电阻器可分为如下几种。

(1) 固定电阻器

广泛应用于电流限制及电压调整。

(2) 电位器

电位器就是一种可变电阻器。常用的电位器是靠电刷在电阻体上的滑动,取得与电刷位移成一定关系的输出电压。利用这一特点,其被广泛使用于收音机、电视机的音量调节及控制传感器上。挖掘机的加速旋钮、装载机和自卸汽车的加速踏板、节流位置传感器、燃油箱的油位传感器等都使用了电位器。

(3) 敏感电阻器

敏感电阻器是指器件在温度、电压、湿度、光照、气体、磁场、压力等发生变化时,电阻器的电阻也随之而变的电阻器,有压敏电阻器、热敏电阻器、光敏电阻器、力敏电阻器、气敏电阻器、湿敏电阻器等。大部分敏感电阻器都是用半导体材料制成的,在工程机械上常用作传感器,如热敏电阻可用作发动机水温传感器。

1.2.2 电感元件

1) 电感的特性

电感元件是从实际电感性器件中抽象出来的电路模型。实际电感性器件是用导线绕成线圈而制成,通常称为电感线圈。电感元件反映了电流产生磁通和存储磁场能量这一物理现象,是将电源提供的电能转换成磁场能量并存储此磁场能量的电路元件。

如图 1-13 所示,当电感线圈有电流通过时,电流将在线圈中产生磁通 Φ_L,若磁通 Φ_L 与线圈的 N 匝都

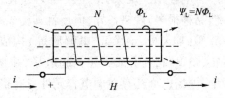

图 1-13 实际线圈

交链,那么磁通链为:

$$\Psi_L = N\Phi_L \tag{1-18}$$

通过的电流和产生的磁通链 Ψ_L 的关系为:

$$\Psi_L = Li \tag{1-19}$$

式(1-19)中 L 称为线圈的自感(系数)或电感,是表征电感元件的特征参数。在国际单位制中,磁通和磁通链的单位是韦伯(Wb),电感的单位是亨利(H)。

$L = \dfrac{\psi_L}{i}$ 是常数时,称为线性电感。

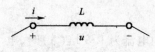

图 1-14 电感图形符号

理想化模型的电感元件图形符号如图 1-14 所示。当磁通链 Ψ_L 随时间变化时,在线圈的两端产生感应电压。如果感应电压 u 的参考方向与磁通链的方向也呈右手螺旋关系时,那么根据电磁感应定律,有:

$$u = \dfrac{\mathrm{d}\psi_L}{\mathrm{d}t} \tag{1-20}$$

当电感元器件两端电压和通过电感元器件的电流在关联参考方向下,根据楞次定律,把 $\Psi_L = Li$ 代入上式,得:

$$u = L\dfrac{\mathrm{d}i}{\mathrm{d}t} \tag{1-21}$$

当电感一定时,电压与该时刻电流的变化率成正比。当电流不随时间变化时(直流电流),则电感电压为零,这时电感元件相当于短接。

将式(1-21)两边同时乘以 i 并积分,电感元件所吸收的电能写成定积分形式为:

$$W_L = \int_0^i Li\,\mathrm{d}i = \dfrac{1}{2}Li^2 \tag{1-22}$$

从式(1-22)中可看出:电感元件储存的磁场能量,只与电流有关,与电压无关,即电感元件不消耗能量,只储存能量。

2) 电感线圈的分类

电感线圈可简单分为固定电感线圈、可变电感线圈。

电感的用途:①储能,利用电感的储能特性,可以与电容组成谐振电路;②通直流阻交流,利用电感通直流阻交流特性,可以作为限流电感器、整流电路滤波器、带通滤波器等;③产生磁场,利用磁场特性,可以作为电磁阀、继电器、电动机控制元件。

1.2.3 电容元件

1) 电容的特性

电容元件是从实际电容器理想化来的模型,在工程技术中,电容的应用极为广泛。电容虽然品种很多,规格各异,但是就其构成原理来说,电容是由两块相间隔的金属板中间充以不同介质(如云母、绝缘纸、电解质等)构成的。当在极板上加电压后,极板上分别聚集起等量的正、负电荷,在介质中建立起电场,并具有电场能量。将电源移去后,电荷可继续聚集在极板上,电场也继续存在。电容元件只有聚集电荷,存储电场能量的性质,并不消耗能量,故也是储能元件。

理想化模型的电容元件的图形符号如图 1-15 所示,当电容元件 C 电压的参考方向由正极

板指向负极板,则正极板上的电荷 q 与其两端电压 u 有以下关系:

$$q = Cu \tag{1-23}$$

$$C = \frac{q}{u} \tag{1-24}$$

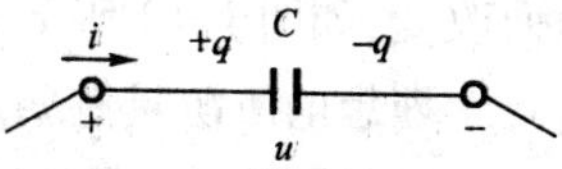

图 1-15 电容图形符号

C 称为该元器件的电容。当 C 是一个正实常数时,电容为线性电容。

在国际单位制中,电容的单位用法拉(F)表示。由于法拉的单位太大,常用的单位为微法(μF)、皮法(pF)。当电容两端的电压是 1V,极板上电荷为 1 库仑(C)时,电容是 1 法拉(F)。单位之间的换算关系为:

$$1F = 10^6 \mu F = 10^{12} pF$$

当电容两端的电压 u 与流进正极板电流 i 取关联参考方向时,有:

$$i = \frac{dq}{dt} \tag{1-25}$$

把式(1-23)代入式(1-25)得:

$$i = C\frac{du}{dt} \tag{1-26}$$

当电容一定时,电流与电容两端电压的变化率成正比,当电压为直流电压时,电流为零,电容相当于开路,所以电容元件有隔断直流电、通过交流电的特性。

将式(1-26)两边同时乘以 u 并积分,可得电容元件极板间储存的电场能量为:

$$W_C = \int_0^u Cu du = \frac{1}{2}Cu^2 \tag{1-27}$$

从上式中可看出,电容元件储存的电场能量,只与电压有关,与电流无关,即电容元件不消耗能量,只储存能量。

2) 电容器的分类

电容器可简单分为固定电容器、可变电容器和微调电容器。

电容在电路中具有隔断直流电、通过交流电的作用,因此,常用于级间耦合、滤波、去耦、旁路及信号调谐。在工程机械上,电容器用于波纹平滑化、消除杂音、定时、降频、减小触电开闭火花等。

1.3 两种电源模型及其等效互换

电压源和电流源是从实际电源抽象得到的理想电路模型,属有源二端元件。下面介绍独立电源元件,其一般可分为电压源和电流源。

1.3.1 理想电压源

理想电压源是一个理想的电路元件。理想电压源又称恒压源,其端电压 U_s 是个定值,大小不受外电路的影响,而输出电流的大小由外电路决定。理想电压源的图形符号如图1-16a)、b)所示,分别表示一般电压源和直流电压源,其中直流电压源的符号长线表示正极(高电位),短线表示负极(低电位)。

直流电压源伏安特性如图 1-17 所示。

理想电压源的端电压不随外电路的改变而改变,但流过电压源的电流则随外电路的改变而改变,如图 1-18 所示。

理想电压源具有如下特点:

(1)理想电压源的端电压是一个恒定值 U_s,与流过电源的电流无关。当电流为 0 时,端电压仍为 U_s。

(2)理想电压源的端电压是由电源本身决定的,但流过它的电流是由与它相连的外电路决定的。

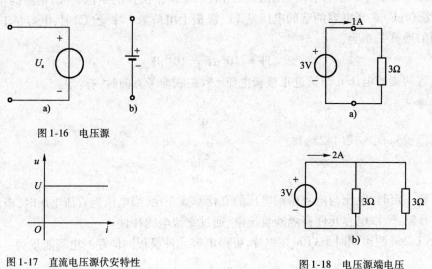

图 1-16 电压源

图 1-17 直流电压源伏安特性

图 1-18 电压源端电压

1.3.2 理想电流源

理想电流源也是一个理想的电路元件。理想电流源又称恒流源,其电流 i_s 也是一个定值,与电流源两端的电压无关。电流源的图形符号如图 1-19 所示。在直流源的情况下,输出的电流是恒值 $i_s = I_s$,伏安特性如图 1-20 所示。

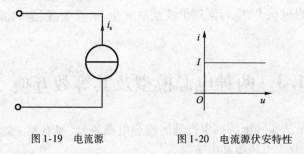

图 1-19 电流源　　图 1-20 电流源伏安特性

理想电流源输出的电流不随外电路的改变而改变,但电流源两端的电压则随外电路的改变而改变,如图 1-21 所示。

理想电流源具有如下特点:

(1)理想电流源发出的电流是一个恒定值 I_s,与电流源两端的电压无关。当电压为 0 时,电流源仍发出电流 I_s。

(2)理想电流源的电流是由电流源本身决定的,但是电流源两端的电压是由与之相连的外电路决定的。

对于电源元件来说，由于它是向外提供能量的元件，因此，习惯上电流和电压取非关联参考方向时，如图1-22所示，计算功率仍用公式 $p = ui$，但应注意，如果 $p > 0$，则表示电源输出功率；$p < 0$，则表示电源吸收功率，这时电源元件实际上起负载作用。如工程机械的蓄电池，充电时从外电路吸收能量，放电时向外电路提供能量。

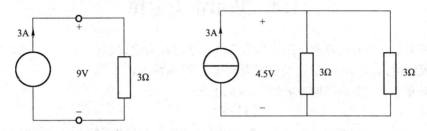

图1-21 电流源输出电流

1.3.3 实际电源两种模型的等效变换

理想电压源的端电压和理想电流源的输出电流都具有不随外电路变化的特点。而实际电源的端电压或输出电流都是随着外电阻的变化而变化的。为了准确表征实际电路的上述特征，实际电源可用两种电路模型来表示，即电压源模型和电流源模型。

电压源模型：理想电压源 U_s 和内电阻 R_0 的串联模型，如图1-23a）所示。电压源模型中的 U_s 可认为就是电源的开路电压。

电流源模型：理想电流源 I_s 和内电阻 R_0 的并联模型，如图1-23b）所示。电流源模型中的 I_s 可认为就是电源的短路电流。

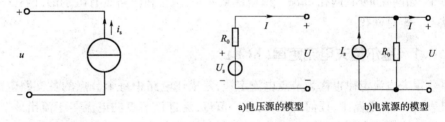

图1-22 电流源非关联参考方向　　　　图1-23 实际电源的模型

实际电源的这两种电路模型，对外电路是相互等效的，具体分析如下。

图1-23a）中的电压源的外特性可以表示为：

$$U = U_s - R_0 I \tag{1-28}$$

图1-23b）中的电流源的外特性可以表示为：

$$I = I_s - \frac{U}{R_0} \tag{1-29}$$

从式(1-28)和式(1-29)可以看出，要使两个电源模型对外电路的作用等效，即两个电源可以互换，必须满足的条件是：两个电源模型的内电阻 R_0 相同，且满足 $I_s = \dfrac{U_s}{R_0}$。

电压源和电流源在作等效变换时应该注意以下几点：

(1) 电压源和电流源的参考方向在变换前后应保持对外电路等效。

(2) 电压源与电流源的等效变换关系只对外电路而言，内部是不等效的。

(3) 理想电压源与理想电流源之间不能互换。

值得注意的一点是,两个数值不同的理想电压源不能并联,两个数值不同的理想电流源不能串联。

1.4 基尔霍夫定律

基尔霍夫定律是分析复杂电路的有力工具。基尔霍夫定律包括两个方面的内容:一是基尔霍夫电流定律,简称 KCL;二是基尔霍夫电压定律,简称 KVL。

下面先介绍有关电路结构方面的几个术语。

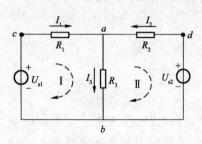

图 1-24 电路结构举例

(1) 节点

电路中 3 条或 3 条以上电路的连接点称为节点。图 1-24 中有 2 个节点,即 a、b。

(2) 支路

流过同一电流,且只有元件串联的一段电路称为支路。一条支路的两端是节点,中间无节点。图 1-24 中有 3 条支路:R_1 和 U_{s1} 的支路、R_2 和 U_{s2} 的支路、R_3 支路。其中,2 条含电源的支路称为有源支路,不含电源的支路称为无源支路。

(3) 回路

电路中任一闭合路径称为回路。图 1-24 中有回路 $abca$、回路 $adba$、回路 $cadbc$。

(4) 网孔

回路中没有包含与之相连的另外支路的回路称为网孔。在图 1-24 中,回路有 3 个,网孔只有 2 个,如网孔 $abca$、网孔 $adba$。值得注意的是,网孔和回路是有区别的,网孔一定是回路,但回路不一定是网孔。

1.4.1 基尔霍夫电流定律(KCL)

基尔霍夫电流定律也称为节点电流定律,是描述电路中每个节点的各支路电流之间的关系。其表述为:在电路中,任何时刻,对任一节点,流进该节点的电流等于流出该节点的电流。若对流进和流出节点的电流规定了正负(如设流进节点的电流为正)之后,基尔霍夫电流定律也可表述为:在电路中,任何时刻,对任一节点,所有支路电流的代数和等于零。

在图 1-24 中,对节点 a 有:

$$I_1 + I_2 = I_3 \tag{1-30}$$

在图 1-24 中,对节点 b 有:

$$I_3 = I_1 + I_2 \tag{1-31}$$

从式(1-30) 和式(1-31)看出:a 点和 b 点的电流方程完全相同,故只需对其中一个节点列电流方程,此节点称为独立节点。当电路中有 n 个节点时,只能列 $n-1$ 个独立的电流方程。

1.4.2 基尔霍夫电压定律(KVL)

基尔霍夫电压定律也称为回路电压定律,是关于电路中对组成任一回路的所有分电压之间的关系。其表述为:在电路中任何时刻,沿任一闭合回路的所有支路电压的代数和恒等于零,即:

$$\sum U = 0 \tag{1-32}$$

为了应用 KVL，必须指定回路绕行方向，元件上的电压参考方向与绕行方向一致时取正，相反时取负。在图 1-24 中，假定回路 abca 绕行方向为顺时针，有：

$$I_1 R_1 + I_3 R_3 - U_{s1} = 0 \tag{1-33}$$

注意：一般对独立回路列电压方程。在电路中，设有 b 条支路，n 个节点，独立回路数为 $b - (n - 1)$。

1.5 支路电流法

支路电流法是分析电路的常用方法，也是简便易行的方法。它是以电路中每条支路的电流为未知量，对独立节点、独立回路（网孔）分别采用基尔霍夫电流定律和电压定律列出相应的方程，从而解得支路电流。具体步骤如下：

(1) 假定各支路电流的参考方向及回路绕行方向。

(2) 根据 KCL 列出节点电流方程。如果电路有 n 个节点，可以列出 $n-1$ 个独立的节点电流方程。

(3) 根据 KVL 列出回路电压方程。如果电路有 b 条支路，n 个节点，可以列出 $b-(n-1)$ 个独立的回路电压方程（一般选取网孔，网孔是独立回路）。

(4) 将独立的方程联立成方程组，求解即可得各支路电流。

[**例 1-3**] 电路如图 1-25 所示，已知 $U_{s1}=6\text{V}$，$U_{s2}=16\text{V}$，$I_s=2\text{A}$，$R_1=R_2=R_3=2\Omega$，试求各支路电流 I_1、I_2、I_3、I_4 和 I_5。

解：各支路电流的参考方向如图 1-25 所示，网孔绕行方向为顺时针。
根据 KCL 和 KVL 列出节点电流方程和回路电压方程：

$I_s + I_1 + I_3 = 0$

$I_2 = I_3 + I_4$

$I_4 + I_5 = I_s$

$U_{s1} - I_3 R_2 - I_2 R_1 = 0$

$U_{s2} - I_5 R_3 + I_2 R_1 = 0$

把已知数据代入上面方程，解方程组得：

$I_1 = -6\text{A}, I_2 = -1\text{A}, I_3 = 4\text{A}, I_4 = -5\text{A}, I_5 = 7\text{A}$

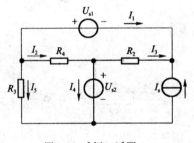

图 1-25　[例 1-3] 图

单元小结

(1) 电路是电流流通的路径。由理想电路元件来代替实际电路元件组成的电路称为实际电路的电路模型。在电路分析中引入电压、电流的参考方向。

(2) 电位是度量电势能大小的物理量。电路中某点的电位是该点到参考点的电压。在进行电路分析时，电位是一个十分重要的物理量。

(3) 电路的三种状态：有载、短路、开路。

(4) 理想电路元器件。

① 电阻元器件：$u_R = R i_R$

② 电感元器件：$u_L = L \dfrac{di_L}{dt}$

③电容元器件：$i_C = C\dfrac{du_C}{dt}$

④理想电压源：理想电压源两端电压 U 不变，通过的电流可以改变。

⑤理想电流源：理想电流源流出的电流 I 不变，电流源两端电压可以改变。

(5)基尔霍夫定律。基尔霍夫电流定律是反映电路中，对任一节点相关联的所有支路电流之间的相互约束关系；基尔霍夫电压定律是反映电路中，对组成任一回路的所有支路电压之间的相互约束关系。

(6)求解复杂电路的方法：支路电流法。

①先要假定每条支路电流的参考方向。

②对独立节点列电流方程，独立回路列电压方程。特别要注意，在列回路方程时，回路中若含电流源，需在电流源两端先假设电压后，再列回路电压方程。

③解方程组，求出支路电流。

思考与练习

(1)某用电器的额定值为"220V，100W"，此电器正常工作10h，消耗多少焦耳电能？合多少度电？

(2)两个额定值是"110V，40W"的灯泡能否串联后接到220V的电源上使用？如果两个灯泡的额定电压相同，都是110V，而额定功率一个是40W，另一个是100W，问能否把这两灯泡串联后接在220V电源上使用，为什么？

(3)试判断图1-26中两个电路的工作状态，分别说明它们是发出功率还是吸收功率。

(4)电路如图1-27所示，以 B 点为参考点，求 A、C 点电位。

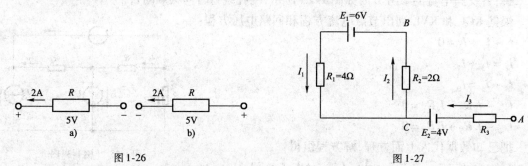

图1-26

图1-27

(5)电源的开路电压为12V，短路电流为30A，求电源的内阻 R_0。

(6)画出图1-28所示电路的等效电源模型。

(7)如图1-29所示，已知 $R_1 = 2\Omega$，$R_2 = 4\Omega$，$R_3 = 3\Omega$，$R_4 = 6\Omega$，$U_{s1} = 12\text{V}$，$U_{s2} = 18\text{V}$，求回路 $acdb$ 的开路电压 U_{ab}。

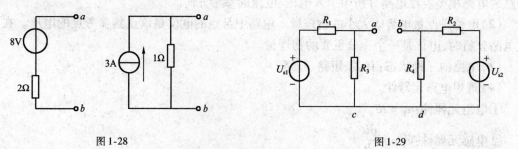

图1-28

图1-29

(8) 如图 1-30 所示,已知 $R_1=10\Omega, R_2=10\Omega, R_3=20\Omega, E=10\text{V}, I_s=5\text{A}$,求图中各支路的电流。

(9) 如图 1-31 所示,已知 $R_1=10\Omega, R_2=10\Omega, R_3=20\Omega, E_1=60\text{V}, E_2=20\text{V}$,求图中各支路的电流。

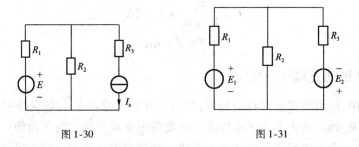

图 1-30　　　　　　　　图 1-31

拓展学习

拓展 1　叠加定理

叠加定理是反映线性电路基本性质的一条重要原理,可以表述为:在线性电路中,如果有多个电源同时作用,那么任何一条支路的电流或电压,等于电路中各个电源单独作用时对该支路所产生的电流或电压的代数和。

当某独立电源单独作用于电路时,其他独立电源应该除去,称为"除源"。对电压源来说,令其电源电压 u_s 为零,相当于"短路";对电流源来说,令其电源电流 i_s 为零,相当于"开路",如图 1-32 所示。

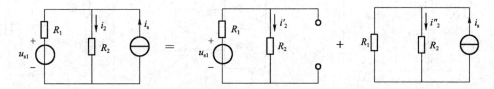

图 1-32　叠加定理示意图

在图 1-32 中,用叠加定理求流过 R_2 的电流 i_2,等于电压源、电流源单独对 R_2 支路作用产生电流的叠加。

注意:叠加原理只适用于线性电路中电流或电压的叠加,不能对能量和功率进行叠加。

[**例 1-4**]　已知 $U_s=12\text{V}, I_s=6\text{A}, R_1=R_3=1\Omega, R_2=R_4=2\Omega$,应用叠加定理,求图 1-33a)所示电路中支路电流 I。

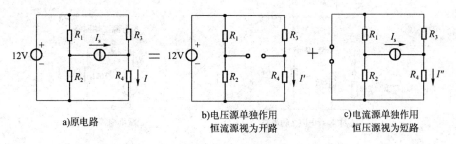

a) 原电路　　　b) 电压源单独作用　　　c) 电流源单独作用
　　　　　　　　恒流源视为开路　　　　恒压源视为短路

图 1-33　[例 1-4]图

解: 图 1-33a)、b)、c)中支路电流 I 的总量和分量参考方向一致,求分量代数和时各分量均取正值。根据叠加定理分别求出 I' 和 I''。

$$I' = \frac{U_s}{R_3 + R_4} = 4\text{A}$$

$$I'' = \frac{R_3}{R_3 + R_4} \times I_s = 2\text{A}$$

$$I = I' + I'' = 6\text{A}$$

拓展2　戴维南定理

在电路分析中,经常会遇到这样的问题,只需要计算电路中某一条支路的电流或电压,如果用支路电流法来求解,会无形中多求许多不必要的电流或电压。为了简便计算,常常应用等效电源的方法,即将含有电源的二端网络等效成一个理想电压源和电阻的串联形式,从而使电路的计算简化。

所谓二端网络是指具有两个出线端的部分电路,可分为有源和无源。含有电源的二端线性网络称为有源二端线性网络,如图 1-34 所示;不含电源的二端线性网络,称为无源二端线性网络。

戴维南定理可以表述为:任何一个线性有源二端网络,可以用电压源来等效替换。电压源的电动势 U_s 等于有源二端网络的开路电压 U_0;内阻 R_0 等于有源二端网络包含的所有电源输出为零(恒压源短接,恒流源断开)后的等效电阻。由电动势 U_s 和内阻 R_0 串联组成的等效电压源称为戴维南等效电路,如图 1-35 中点画线框内所示。

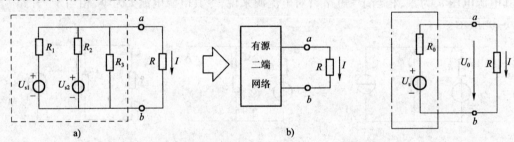

图 1-34　有源二端网络图　　　　　　　　图 1-35　戴维南等效电路

[**例 1-5**] 用戴维南定理计算图 1-36a)中的电流 I。

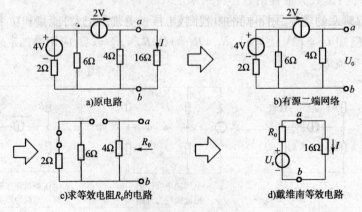

a)原电路　　　b)有源二端网络
c)求等效电阻 R_0 的电路　　　d)戴维南等效电路

图 1-36　[例 1-5]图

解:将待求支路取出,得到图1-36b)所示的有源二端网络,开路电压U_0就是4Ω电阻的端电压,即:

$$U_0 = 2 \times 4 = 8\text{V}$$

戴维南等效电路的电动势为:

$$U_s = U_0 = 8\text{V}$$

将电路中4V电压源短路,2A电流源开路,得到图1-36c)所示的电路,有源二端网络的等效电阻R_0就是4Ω电阻,其他两个电阻开路,即$R_0 = 4Ω$。

由戴维南等效电路,如图1-36d)所示,可求得电流I,即:

$$I = \frac{8}{4+16} = 0.4\text{A}$$

技能训练

实训1 数字万用表的使用

1)实训目的
(1)了解万用表的面板结构及测量功能。
(2)学习万用表测量电阻的方法。
(3)学习测量工程机械电路电压的方法。
(4)学习测量工程机械电路电流的方法。
2)实训器材
(1)数字式万用表1块。
(2)电阻5只。
(3)工程机械整车一台。
3)实训内容与步骤
(1)用万用表电阻挡测电阻
①把万用表转换开关旋至电阻挡位置,并选择适当的量程。万用表常用的量程为200、$R \times 20$、$R \times 200$、$R \times 2k$、$R \times 20k$等。测量前根据被测电阻值的大小,选择适当的量程。
②测量5只标称电阻,将两个表笔分别与电阻的两个电极引线相接,读取指针读数,则被测电阻的实际值为:读数×量程倍数。将结果记入表1-1。
③选用$1 \times 10^3 Ω$的电阻,用不同的量程测量,将表上读数记入表1-2。

电阻测量记录表　　　　　　　　　　　　　　　表1-1

标称值(Ω)					
测量值(Ω)					
误差(Ω)					

电阻量程显示数值记录表　　　　　　　　　　　表1-2

标称值(Ω)	$1 \times 10^3 Ω$				
量程数值					
表显示数					

(2)用万用表直流电压挡测直流电压
①把万用表转换开关旋至直流电压挡位置。根据被测直流电压的大小,选择适当的量程。
②测量蓄电池开路电压、不同两种负荷电压,记入表1-3。

电压测量记录表　　　　　　　　　　　　　　　　　　　　　　　　　　表1-3

工作状况	开路	小负荷	大负荷
蓄电池端电压测量值(V)			

(3)用万用表直流电流挡测直流电流
①把万用表转换开关旋至直流电流挡位置。根据被测直流电流大小,选择适当的量程。
②把万用表串接在测量电路中,注意连接时的电流方向。当不太清楚通过电流的大小时,就选用大量程。
③测量转向灯电路、前照灯电路和喇叭电路漏电电流,记入表1-4。

漏电流测量记录表　　　　　　　　　　　　　　　　　　　　　　　　　表1-4

测量电路	转向灯电路	前照灯电路	喇叭电路
测量值(mA)			
电路分析			

利用万用表300 mA直流挡,可以准确地测量小电流。在漏电流较大时,即使断开点火开关,蓄电池还要输出电流,如果长期存在较大漏电流,蓄电池就要亏电,以致无法启动发动机。

测量时,首先将点火开关及与照明、指示电路有关的开关全部断开,将测量电路熔断丝取下,然后将电流表的表笔接到插熔断丝的两侧端子上。这时,如果电流表指针摆动,就说明此电路某一处有漏电流。查出有漏电流之后,再把电路中的电气装置逐个取下来。当取下某个装置时,电流表的表针不再摆动,说明漏电流的问题出在这个部件上。

4)思考题
(1)根据表1-1测量结果,分析误差原因。
(2)根据表1-2测量结果,分析显示数变化的原因和规律。
(3)根据表1-3测量结果,分析电压变化的原因和规律。
(4)根据表1-4测量结果,分析漏电情况。

实训2　基尔霍夫定律的验证

1)实训目的
(1)练习电路接线。
(2)通过实训验证基尔霍夫电流定律和电压定律。
(3)加深对参考方向概念的理解。
2)实训器材
(1)0~30V可调直流稳压电源。
(2)电阻。
(3)直流电压、电流表。
(4)实验电路板。
(5)导线。
3)实训内容及步骤
(1)根据图1-37所示电路连接电路(开关S_1、S_2均断开)。

(2)调节稳压电源第一组的输出电压U_{s1}为15 V,第二组的输出电压U_{s2}为3 V,把开关S_1、S_2分别向接触点1和接触点4闭合。

(3)验证基尔霍夫电流定律(KCL)。将电流表读数记入表1-5中实测栏内,并在验算栏内验算A点电流的代数和。

(4)验证基尔霍夫电压定律(KVL)。用电压表分别测量各元件电压U_{AB}、U_{BC}、U_{CD}、U_{DA},记录在表1-6中,并验算回路ABCDA和ABCA的电压代数和。

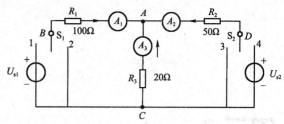

图1-37 验证基尔霍夫定律电路图

电流测量、验算表　　　　　　　　　　　　　表1-5

项目	数值			验算
	I_1(mA)	I_2(mA)	I_3(mA)	节点A电流 $\sum I$
理论计算值				
测量值				

电压测量、验算数据表　　　　　　　　　　　表1-6

项目	数值					验算	
	U_{AB}	U_{BC}	U_{CD}	U_{DA}	U_{CA}	回路ABCDA $\sum U$	回路ABCA $\sum U$
理论计算值							
测量值							

注意:在电路中串联电流表时,电流表的极性应严格按照图1-37所标电流参考方向连接,如果表针反偏,则应将电流表"+"、"-"接线柱上的导线对换,但其读数应记为负值,这就是参考方向的实际意义。测量电压时也有同样情况。

4)思考题

(1)用表1-5和表1-6中的数据,验证基尔霍夫定律的正确性,写出结论。

(2)根据测量结果分析误差原因。

单元 2
正弦交流电路

知识目标

了解正弦交流电的三要素和正弦交流电的相量表示法,掌握单一元件交流电路以及 RLC 串联电路的特性和计算方法,学会用相量法计算简单正弦电路。

2.1 正弦量的概念

当电路中含有正弦电源时,电路中电压和电流的大小和方向随着时间按正弦函数规律变化,将这种按正弦规律变化的电压、电流统称为正弦交流电。正弦电压和正弦电流等物理量,统称为正弦量。

正弦量可以用正弦三角函数表示。图 2-1 为电流正弦量的波形图。

它们的三角函数表达式分别为:

$$u = U_m \sin(\omega t + \phi_u)$$
$$i = I_m \sin(\omega t + \phi_i)$$
$$e = E_m \sin(\omega t + \phi_e)$$

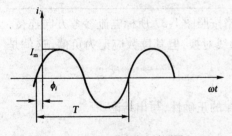

图 2-1 正弦交流电波形图

2.1.1 正弦量的三要素

正弦量的特征表现在变化的快慢、大小及初始值三方面,它们分别由频率(或周期、角频率)、幅值(或有效值)和初相位来确定,因此把频率、幅值和初相位称为正弦量的三要素。

1)周期、频率与角频率

(1)周期

正弦量变化一次所需的时间称为周期,用字母 T 表示,单位是秒(s)。

(2)频率

正弦量每秒内变化的周数称为频率,用字母 f 表示,单位是赫兹(Hz)。我国常用 50Hz 作为电力标准频率,也称为工频。周期与频率的关系为:

$$f = \frac{1}{T} \tag{2-1}$$

(3) 角频率

正弦量在每秒内经历的弧度数称为角频率，用 ω 表示，单位为弧度每秒（rad/s）。角频率、频率与周期的关系为：

$$\omega = \frac{2\pi}{T} = 2\pi f \tag{2-2}$$

2) 瞬时值、幅值和有效值

(1) 瞬时值

正弦量的瞬时值是时间的正弦函数，它随时间不停地变化。由图 2-1 可知，任一时刻 t 所对应的电流值称为瞬时电流值。瞬时值用小写字母 i、u、e 来表示。

(2) 幅值

最大的瞬时值称为最大值，也称为幅值。最大值反映了正弦量变化的范围。幅值分别用大写字母加下标 m 来表示，如 E_m、U_m、I_m。

(3) 有效值

在实际工作中用有效值来计量交流电的大小。

如果某正弦交流电流通过一个电阻在一个周期内所产生的热量和某直流电流通过同一电阻在相同的时间内产生的热量相等，那么，这个直流电的电动势、电压和电流的各量值就称为对应交流电各量值的有效值。有效值分别用大写字母 E、U、I 来表示。理论证明，正弦量的有效值与最大值关系为：

$$\left. \begin{array}{l} E_m = \sqrt{2}E \\ U_m = \sqrt{2}U \\ I_m = \sqrt{2}I \end{array} \right\} \tag{2-3}$$

实际电工技术中，若无特殊说明，正弦量的大小均是指有效值。交流用电器的额定电压、额定电流都用有效值表示。一般的电流表和电压表所指示的数值都是指有效值。通常使用的交流电压 220V、380V，交流电流 5A、10A 等均指有效值。

3) 相位、初相位与相位差

(1) 相位

正弦量是随时间而周期性变化的。所取的计时起点不同，正弦量的初始值就不同，达到幅值或某一特定值所需的时间也就不同。

由 $i = I_m \sin(\omega t + \phi_i)$ 表达式可知，只有 $(\omega t + \phi_i)$ 一定时，才能给出正弦量在某一瞬间的状态，这个角度称为正弦量的相位角，简称相位，单位为弧度（rad）。相位表示正弦量随时间的变化情况。

(2) 初相位

$t = 0$ 时的相位角称为初相位，即 ϕ_i 是正弦量的起始相位。初相位确定了正弦量在 $t = 0$ 时的初始值。

(3) 相位差

在同一正弦交流电路中，电压和电流频率相同，但初相位不一定相同。如图 2-2 所示，设电压为 $i = U_m \sin(\omega t + \phi_u)$，电流为 $i = I_m \sin(\omega t + \phi_i)$，此时初相位分别为 ϕ_u 和 ϕ_i，两者的相位差为：

$$\varphi = \phi_u - \phi_i \tag{2-4}$$

从上式可见,两个同频率正弦量的相位差等于它们的初相之差,是一个不随时间变化的常数。

当 $\varphi > 0°$ 时,u 比 i 先到达最大值,称在相位上 u 超前 i,如图 2-2 所示。

当 $\varphi < 0°$ 时,u 比 i 后到达最大值,称在相位上 u 滞后 i。

当 $\varphi = 0°$ 时,u 与 i 同相。

当 $\varphi = 180°$ 时,u 与 i 反相。

2.1.2 正弦量的相量表示方法

用三角函数表示正弦交流电随时间变化关系的方法称为解析法。解析法是表示正弦量的基本方法,优点是把正弦量的变化幅度、快慢、趋势以及每一刻的瞬时值都清楚地表示出来了,但对正弦量的计算却十分麻烦,为此引入了表示正弦量的另一种方法:相量表示法。相量表示法的基础是复数。

一个复数,在由虚轴和实轴所构成的复平面上,可以用一有向线段来表示。如图 2-3 所示,在复平面中横轴为实轴,单位长度为 $+1$;纵轴是虚轴,单位长度为 $+j$(数学中用 i 表示,在电工技术中,i 表示电流,故改为 j)。复数 A 用有向线段 OA 表示,其中 a 为实部,b 为虚部,r 为复数的模,ϕ 为复数的幅角,并且有:

$$r = \sqrt{a^2 + b^2} \tag{2-5}$$

$$\tan\phi = \frac{b}{a} \tag{2-6}$$

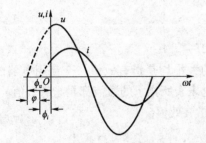 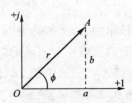

图 2-2 两个同频率正弦量的相位差　　图 2-3 复数坐标系

一个复数是 A 可以用四种形式表示。

(1) 代数形式:　　　　　　　$A = a + jb$ 　　　　　　　　　(2-7)

(2) 三角函数形式:　　　　　$A = r(\cos\phi + j\sin\phi)$ 　　　(2-8)

(3) 指数形式:　　　　　　　$A = re^{j\phi}$ 　　　　　　　　　(2-9)

(4) 极坐标形式:　　　　　　$A = r\angle\phi$ 　　　　　　　　(2-10)

以上的四种复数形式可以相互转换。

1) 相量

由于一个正弦量的最大值(或有效值)和初相能够用向量表示,而向量又可以用复数表示,那么,正弦量的最大值(或有效值)和初相位也必然能够用复数表示。用复数表示的正弦量称为相量。

例如,正弦量 $u = U_m\sin(\omega t + \phi)$ 可以通过旋转矢量法作出波形图。在 x—y 坐标系内,有向线段长度等于正弦量 u 的最大值,初始位置($t = 0$ 时)与 x 轴的夹角等于初相 ϕ,以角速度 ω 逆时针方向旋转,每一时刻,旋转矢量在纵轴上的投影即为该正弦量 u 的瞬时值,如图 2-4 所示示。将此旋转矢量放在复数坐标系中,称为相量,这个有向线段称为正弦量的相量图。正弦量的相量用大写字母上面加一点来表示,以便与普通复数加以区别。如电流的相量用 $\dot{I}$ 表示。

作相量图时,取消两个坐标轴,选某一相量作为参考相量(即设其初相位为零),初始位置与参考相量之间的夹角是正弦量的初相位 ϕ,在 ϕ 角方向按一定比例作有向线段,长度表示正弦量的有效值(或最大值),如图 2-5 所示。实际应用最多的是有效值的相量图。

同频率的正弦量由于相位差保持不变,可以在同一相量图中表示。它们的加减运算服从平行四边形法则。

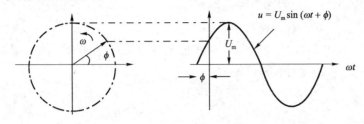

图 2-4 旋转矢量表示正弦量

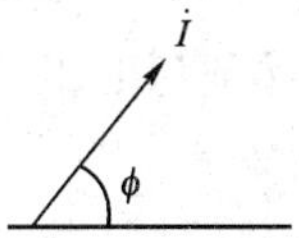

图 2-5 正弦量的相量图

2)相量计算法

相量计算法是分析计算交流电路的工具。多个同频率正弦电量进行加、减运算,其运算结果仍是同频率的正弦量。例如:要计算 $u = u_1 + u_2$,可以根据复数的运算法则,将上式变换成相应的相量形式为 $\dot{U} = \dot{U}_1 + \dot{U}_2$,通过相量运算得到运算结果,再经过反变换,便能得到正弦电量的瞬时值表达式。

[**例 2-1**] 已知正弦交流电压 u_1 和 u_2,求 $u = u_1 + u_2$。

$u_1 = 4\sqrt{2}\sin(\omega t + 60°)$

$u_2 = 3\sqrt{2}\sin(\omega t - 30°)$

解:画出电压 u_1 和 u_2 的相量图,如图 2-6 所示。

$\dot{U}_1 = 4\angle 60°$ $\dot{U}_2 = 3\angle -30°$

根据平行四边形法则得:

$\dot{U} = \dot{U}_1 + \dot{U}_2 = 5\angle 23°$

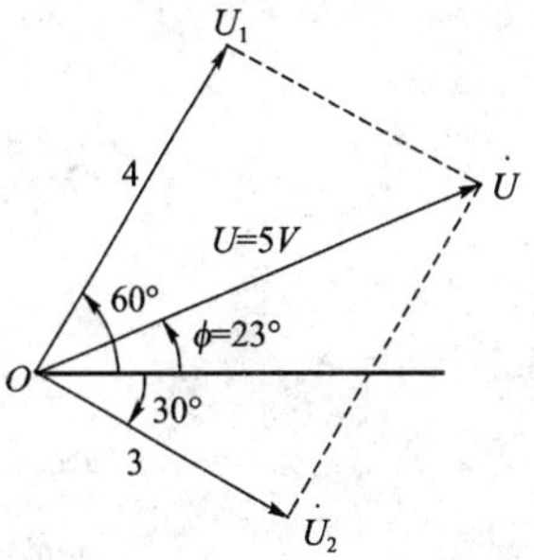

图 2-6 [例 2-1]图

因频率不发生变化,所以 u 的正弦量表达式为 $u = 5\sqrt{2}\sin(\omega t + 23°)$。

2.2 正弦交流电路的分析

分析各种正弦交流电路,目的是求出电路中电压与电流的关系,讨论电路中能量的转换和功率的问题。

2.2.1 电阻元件的正弦交流电路

实际的交流负载,如白炽灯、卤钨灯、家用电阻炉、工业电阻炉等用电设备,都可看做纯电阻。电阻元件电路以及电压、电流的参考方向,如图 2-7a)所示。

1)电流与电压的关系

设加在电阻两端的正弦电压为:

$$u = U_m \sin\omega t = \sqrt{2} U \sin\omega t$$

在图 2-7a)所示电流与电压参考方向一致的情况下,根据欧姆定律 $u=Ri$ 可得:

$$i = \frac{u}{R} = I_m \sin\omega t = \sqrt{2}I\sin\omega t$$

比较两式可以看出,对于电阻元件有:
(1)电压和电流的频率相等。
(2)电压和电流的瞬时值、最大值、有效值都符合欧姆定律。
(3)电压和电流的相位差为 0。
电阻两端的电压与流过电阻的电流之间的关系可以表示为:

$$\dot{U} = R\dot{I}$$

电压、电流的相量图和波形图如图 2-7b)、c)所示。对波形图逐点分析,可以看出每一瞬时电流 i 都与电压 u 成正比,i 的波形与 u 同相,相位差为 0。

2)功率
(1)瞬时功率 p
交流电路中,瞬时电压和瞬时电流的乘积为瞬时功率,用 p 表示,单位是瓦特(W)。

$$p = ui = U_m\sin\omega t \cdot I_m\sin\omega t = UI(1-\cos2\omega t) \tag{2-11}$$

由式(2-11)可知,瞬时功率不会出现负值,即 $p \geq 0$,表明交流电路中的电阻总是从电源吸收电能,是耗能元件。图 2-7d)是瞬时功率变化曲线。

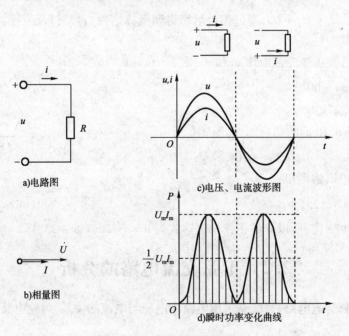

图 2-7 电阻元件交流电路

(2)有功功率
瞬时功率总是随时间变化,不利于衡量元件所消耗的功率,在实际应用中通常采用平均功率来计量。平均功率称有功功率,是指在一个周期内瞬时功率的平均值,用大写字母 P 表示,单位是瓦特(W)。

$$P = \frac{1}{T}\int_0^T p\,dt = UI = RI^2 = \frac{U^2}{R} \tag{2-12}$$

有功功率反映了元器件实际消耗电能的情况。用电设备铭牌上所标的功率为有功功率。

2.2.2 电感元件的正弦交流电路

电感存在于各种线圈之中,把电阻为零的线圈称为纯电感线圈。电感的大小用自感系数(也称电感系数,简称电感)L 表示,单位是亨利(H)。电感元件电路以及电压、电流的参考方向,如图2-8a)所示。当流过电感线圈的电流变化时,根据电磁感应定律,在电感线圈中会产生自感电动势,电感元件的伏安关系为:

$$u = L\frac{di}{dt}$$

1)电压和电流的关系

假定通过电感元件的正弦电流为:

$$i = I_m \sin\omega t$$

则电感元件的端电压为:

$$u = L\frac{di}{dt} = \omega L I_m \cos\omega t = U_m \sin(\omega t + 90°)$$

可以看出,对于电感元件:

(1)电压和电流频率相等。

(2)电压与电流的数值关系如下。

$$U_m = \omega L I_m$$

$$\frac{U_m}{I_m} = \omega L$$

令:

$$X_L = \omega L = 2\pi f L \tag{2-13}$$

X_L 称为感抗,单位是欧姆(Ω)。

感抗 X_L 反映了电感线圈对电流的阻碍作用,显然,感抗与电源的频率有关,电源频率 f 越高,X_L 越大;f 越低,X_L 越小。

(3)电压相位超前电流 90°。相量图如图2-8b)所示,波形图如图2-8c)所示。

电感两端的电压与流过电感的电流之间的关系可以表示为:

$$\dot{U} = jX_L \dot{I}$$

2)功率

(1)瞬时功率

$$p = ui = U_m \cos\omega t \cdot I_m \sin\omega t = \frac{1}{2}U_m I_m \sin2\omega t = UI\sin2\omega t$$

由上式可见,电感元件的瞬时功率是随时间变化的正弦量,其频率为电源频率的2倍。如图2-8d)所示,从图中可以看到,在第1和第3个 $\frac{1}{4}$ 周期内,$P>0$,从电源吸收能量,并转化为磁能存储起来;在第2和第4个 $\frac{1}{4}$ 周期内,$P<0$,释放能量,将磁能转化为电能并送回电源。

(2)有功功率

由式 $p = UI\sin2\omega t$ 可知,瞬时功率在一个周期内的平均值为零,也就是电感元件的有功功率为零,即:

$$P = 0 \tag{2-14}$$

这说明,电感元件是一个储能元器件,不是耗能元器件,它只是将电感中的磁场能和电源的电能进行能量交换。

(3) 无功功率

电感与电源之间进行功率的交换,并没有消耗功率,其交换功率的规模常用瞬时功率的最大值来衡量,称为无功功率。无功功率反映了储能元件与电源之间能量相互转换的规模,是储能元件正常工作必需的。无功功率用 Q 表示,单位为乏(var)。

$$Q = UI = X_L I^2 = \frac{U^2}{X_L} \tag{2-15}$$

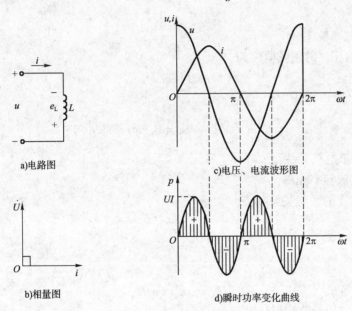

图 2-8 电感元件交流电路

[**例 2-2**] 假设滤波电路中线圈的电感为 80mH,接在 $u = 220\sqrt{2}\sin100\pi t$ 的电源上,求流过线圈的电流 i 和无功功率 Q。

解:电感感抗:

$$X_L = 2\pi f L = 2 \times 3.14 \times 50 \times 80 \times 10^{-3} = 25.12(\Omega)$$

电感电流有效值:

$$I = \frac{U}{X_L} = \frac{220}{25.12} = 8.76(A)$$

因为电压相位超前电流 90°,所以:

$$i = 8.76\sqrt{2}\sin(100\pi t - 90°)$$

无功功率:

$$Q = UI = 220 \times 8.76 = 1927.2(\text{var})$$

2.2.3 电容元件的正弦交流电路

在电工电子技术中,电容元件主要用来进行调谐、滤波、耦合、选频等。在电力系统中,利用它来改善系统的功率因数,以减少电能的损失和提高电气设备的利用率。

电容与电阻、电感一样,既表示电容器件,又表示元件的参数,用 C 表示,单位是法拉(F)。

在交流电路中,电容元件的充放电过程周而复始地进行,电路电流随极间电压的变化而变化。电路以及电压、电流的参考方向,如图 2-9a)所示。电容元件伏安关系为:

$$i = \frac{dq}{dt} = C\frac{du}{dt}$$

1)电压和电流的关系

假设电容元件两端电压为:

$$u = U_m \sin\omega t$$

则通过电容的电流为:

$$i = C\frac{du}{dt} = \omega C U_m \cos\omega t = I_m \sin(\omega t + 90°)$$

可以看出,对于电容元件:

(1)电压和电流的频率相等。

(2)电压和电流的数值关系如下。

$$I_m = \omega C U_m$$

$$X_C = \frac{1}{\omega C} = \frac{1}{2\pi f C} = \frac{U_m}{I_m} = \frac{U}{I} \tag{2-16}$$

式(2-16)中 X_C 称为容抗,单位是欧姆(Ω)。容抗表示电容元器件对电流阻碍作用的物理量。在 C 一定的情况下,频率越高,容抗越小。

(3)电容元件电路中,电流相位超前电压 90°,如图 2-9b)、c)所示。

电容两端的电压与流过电容的电流之间的关系可以表示为:

$$\dot{U} = -jX_C \dot{I}$$

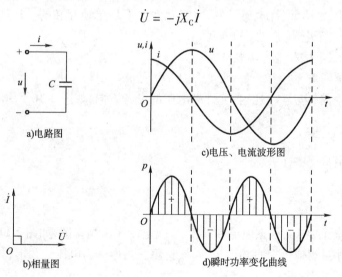

图 2-9 电容元件的交流电路

2)功率

(1)瞬时功率

$$p = ui = U_m\sin\omega t \times I_m\cos\omega t = \frac{1}{2}U_m I_m \sin 2\omega t = UI\sin 2\omega t$$

(2)有功功率

由上式可知,瞬时功率在一个周期内的平均值为零,即电容元器件的有功功率为零,如

图2-9d)所示。

$$P = 0 \tag{2-17}$$

电容也是储能元器件,储存电场能量,并和电源能量进行交换。

(3) 无功功率

$$Q = UI = X_C I^2 = \frac{U^2}{X_C} \tag{2-18}$$

[例2-3] 容量为31.8μF的电容器,接在 $u = 220\sqrt{2}\sin 100\pi t$ 的电源上,求电路中电流 i 的解析式和无功功率 Q。

解:电容容抗:

$$X_C = \frac{1}{2\pi fC} = \frac{1}{2 \times 3.14 \times 50 \times 31.8 \times 10^{-6}} \approx 100(\Omega)$$

电路中电流的有效值:

$$I = \frac{U}{R_C} = \frac{220}{100} = 2.2(\text{A})$$

因为电容两端电压总是滞后电流90°,所以电流的解析式为:

$$i = 2.2\sqrt{2}\sin(100\pi t + 90°)$$

无功功率:

$$Q = UI = 220 \times 2.2 = 484(\text{var})$$

2.2.4 R、L、C 串联交流电路的分析

在实际应用中,电阻元件、电感元件、电容元件并不是单独存在的。比如当线圈电阻不被忽略时,线圈就相当于电阻与电感的串联。

下面介绍电阻、电感和电容串联电路。

1) 电压与电流的关系

R、L、C 串联电路,电流、电压、各元件端电压的参考方向,如图2-10所示。

假设电流为:

$$i = I_m \sin\omega t = \sqrt{2}I\sin\omega t$$

根据基尔霍夫电压定律有:

$$u = u_R + u_L + u_C$$
$$\dot{U} = \dot{U}_R + \dot{U}_L + \dot{U}_C$$

假设该电路中 $X_L > X_C$,根据电流和 R、L、C 端电压作出相量图,如图2-11所示。由相量图可看出四个电压相量组成一个直角三角形,该直角三角形称为电压三角形,如图2-12所示。

由电压三角形可得:

$$U = \sqrt{U_R^2 + (U_L - U_C)^2}$$
$$= \sqrt{(RI)^2 + (X_L I - X_C I)^2}$$
$$= I\sqrt{R^2 + (X_L - X_C)^2}$$

令:

$$|Z| = \frac{U}{I} = \sqrt{R^2 + (X_L - X_C)^2} = \sqrt{R^2 + X^2} \tag{2-19}$$

式(2-19)中,$|Z|$ 称为阻抗,$X = X_L - X_C$ 称为电抗,阻抗和电抗的单位都是欧姆(Ω)。

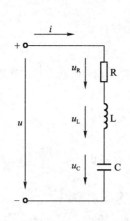

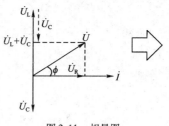

图 2-11 相量图

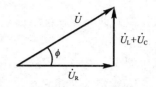

图 2-10 R、L、C 串联电路

图 2-12 电压三角形

由相量图可以看出,电源电压与电流的相位差 φ 为:

$$\phi = \arctan \frac{U_L - U_C}{U_R} = \arctan \frac{X}{R} = \arctan \frac{X_L - X_C}{R} \tag{2-20}$$

电路中电流相量可表示为:

$$\dot{I} = I \angle 0°$$

电路电源电压相量可表示为:

$$\dot{U} = \dot{U}_R + \dot{U}_L + \dot{U}_C$$
$$= R\dot{I} + jX_L\dot{I} + (-jX_C)\dot{I}$$
$$= [R + j(X_L - X_C)]\dot{I}$$

令:

$$Z = \frac{\dot{U}}{\dot{I}} = R + j(X_L - X_C) = R + jX \tag{2-21}$$

式(2-21)中,Z 称为电路的复阻抗,阻抗 |Z| 是复阻抗的模,幅角 φ 也称为阻抗角,与电压电流的相位差角 φ 相同。将电压三角形的每边同时除以 I,得到由 R、X、|Z| 组成的直角三角形,该直角三角形称为阻抗三角形,如图 2-13 所示。由于复阻抗没有相对应的正弦量,所以不是相量。

对于复阻抗,有:

$$|Z| = \sqrt{R^2 + X^2}$$
$$\phi = \arctan \frac{X}{R}$$

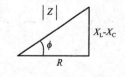

图 2-13 阻抗三角形

由阻抗三角形和电压三角形可以看出:

当 $X_L > X_C$ 时,φ > 0,电压超前电流 φ 角度,电路呈电感性,称感性电路。
当 $X_L < X_C$ 时,φ < 0,电压滞后电流 φ 角度,电路呈电容性,称容性电路。
当 $X_L = X_C$ 时,φ = 0,电压与电流同相,电路呈电阻性,称阻性电路。

2) 功率

(1) 有功功率 P

R、L、C 串联电路中,由于只有电阻消耗功率,所以有:

$$P = I^2R = UI\cos\phi \tag{2-22}$$

式中，$\cos\phi$ 称为电路的功率因数，角 ϕ 也称为功率因数角。

(2) 无功功率 Q

R、L、C 串联电路中，电感和电容都是储能元件，跟电源进行能量交换，因此电路的无功功率为：

$$Q = I^2X = UI\sin\phi \tag{2-23}$$

(3) 视在功率 S

电路电压与电流有效值的乘积称为视在功率，用 S 表示，单位是伏安（VA），即：

$$S = UI \tag{2-24}$$

视在功率表示电源设备能提供的最大功率。如交流发电机、变压器等，其额定电压 U_N 与额定电流 I_N 的乘积称为额定视在功率 S_N，又称为额定容量（简称容量），即：

$$S_N = U_N I_N \tag{2-25}$$

显然，视在功率 S、有功功率 P 和无功功率 Q 三者之间存在如下关系：

$$S = \sqrt{P^2 + Q^2} \tag{2-26}$$

2.2.5 感性负载与电容并联交流电路分析

在交流电路中，有功功率要考虑电压与电流的相位差 ϕ，即：

$$P = UI\cos\phi$$

$\cos\phi$ 称为功率因数。由上式可知，在电路中提高功率因数可以增大有功功率的输出。只有在电阻负载的情况时，功率因数才为 1。而在实际生产和生活中，大量的用电设备是电感性负载，阻抗角较大，功率因数比较低。因此，为提高电源容量的利用率，减小线路损耗，常在电感性负载的两端并联适当的电容器，来提高功率因数。

电感性负载两端并联电容器电路及相量图如图 2-14 所示。

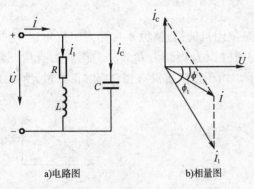

a) 电路图　　b) 相量图

图 2-14　感性负载并联电容电路

由相量图可以看出：

(1) 在没有并联电容之前，电路的总电流：$\dot{I} = \dot{I}_1$。

功率因数为 $\cos\phi_1$，负载的有功功率：$P = UI_1\cos\phi_1$。

(2) 并联电容之后，电路的总电流：$\dot{I} = \dot{I}_1 + \dot{I}_C$。

$I < I_1$，总电流减小了，在线路上的损耗就会下降。

此时的功率因数为 $\cos\phi$，而 $\phi < \phi_1$，所以电路的功率因数得到提高。

负载的有功功率：$P = UI\cos\phi$。因 $I_1\cos\phi_1 = I\cos\phi$，故负载的有功功率没有变化。

电容是储能元件，并联的电容对感性负载的无功功率进行补偿，能量互换主要在电容器与感性负载之间进行，感性负载与电源之间能量转换的规模减小，使电源的容量得到充分的利用，而且没有影响负载的有功功率。

在功率因数补偿的过程中，感性负载的有功功率 P、无功功率 Q 和功率因数仍保持不变，改变的是整个电路总的无功功率和总的功率因数。

2.3 三相交流电路

现代电力系统中,由于三相交流电在输电方面比单相经济,使三相交流电路获得广泛应用。例如,当输送功率相等、电压相同、输电距离一样、线路损耗也相同时,用三相制输电比单相制输电可大大节省输电线金属的消耗量,即输电成本较低。三相发电机所用材料比同等容量的单相发电机节省。

2.3.1 三相交流电源

三相交流电是由三相交流发电机产生的。发电机是利用电磁感应原理将机械能转变为电能的装置。三相发电机是一个对称的三相电源,其原理如图2-15所示。它主要由电枢(定子)和磁极(转子)组成。在定子中嵌入了3个绕组,各绕组的几何形状、尺寸、匝数均相同,安装时3个绕组彼此相隔120°,每一个绕组为一相,合称三相绕组。三相绕组的始端分别用 U_1、V_1、W_1表示,末端分别用 U_2、V_2、W_2表示。

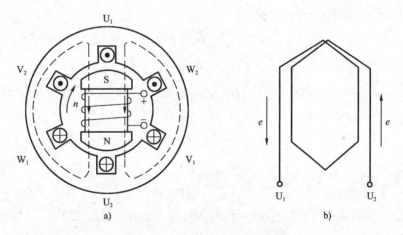

图2-15 三相交流发电机的结构

转子是一对磁极的电磁铁,电磁铁的设计要求使其产生的磁感应强度在转子和定子之间的空气间隙中,按正弦规律分布。当转子以匀角速度 ω 按顺时针方向旋转时,可以在三相绕组中分别感应出最大值相等、频率相同、相位互差120°的三个正弦电动势,这种三相电动势称为对称三相电动势。各绕组产中的电动势 e_U、e_V、e_W 的正弦波形图及相量图分别如图2-16a)和图2-16b)所示。

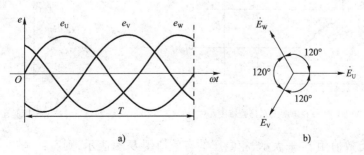

图2-16 三相交流电的波形图和相量图

它们的瞬时表达式分别为：

$$\left.\begin{array}{l} e_U = E_m \sin\omega t \\ e_V = E_m \sin(\omega t - 120°) \\ e_W = E_m \sin(\omega t + 120°) \end{array}\right\} \quad (2-27)$$

通过对三相交流电的波形图、相量图分析可以得到，在任何瞬时对称三根电源的电动势之和为零，即：

$$e_U + e_V + e_W = 0 \quad (2-28)$$

将三相电源的末端 U_2、V_2、W_2 连接在一起，称为中性点，用 N 表示。从中性点引出一根输电线称为中性线或零线。从三个始端 U_1、V_1、W_1 引出三条输电线，称为相线，俗称火线，用 L_1、L_2、L_3 表示，电源三相绕组的这种连接方式称为星形连接，由三条相线，一条中性线组成的统一供电系统称为三相四线制供电系统，如图 2-17 所示。

三相四线制供电系统能够提供两种电压：相电压和线电压。相电压是指相线与中性线间的电压，即 u_U、u_V 和 u_W，电压方向由相线指向中性线。线电压是指相线与相线之间的电压，即 u_{UV}、u_{VW}、u_{WU}，电压方向由相线指向相线。

如图 2-17 所示，得到：

$$\begin{cases} \dot{U}_{UV} = \dot{U}_U - \dot{U}_V \\ \dot{U}_{VW} = \dot{U}_V - \dot{U}_W \\ \dot{U}_{WU} = \dot{U}_W - \dot{U}_U \end{cases}$$

根据图 2-18 的相量几何关系，可得：

$$U_{UV} = \sqrt{3} U_U$$
$$U_{VW} = \sqrt{3} U_V$$
$$U_{WU} = \sqrt{3} U_W$$

即当三相对称电源采用星形连接时，线电压与相电压的关系是：线电压与相电压的频率相同，线电压的大小等于相电压的 $\sqrt{3}$ 倍，线电压的相位超前相应的相电压 30°。

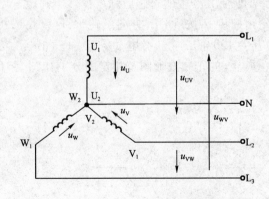

图 2-17 三相电源的星形连接图

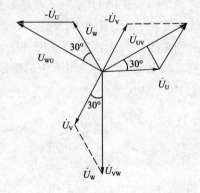

图 2-18 对称电源星形连接相量图

线电压的有效值用 U_L 来表示，相电压的有效值用 U_P 来表示，则有：

$$U_L = \sqrt{3} U_P \quad (2-29)$$

2.3.2 三相负载星形连接

三相交流电路的负载按其对电源的要求可以分为单相负载和三相负载两类。

单相负载:平常使用的家用电器的额定电压为220V,只要将负载接到相线和中性线之间就可以了。当有多个负载时,应使它们均匀分布地接在三相电源3条相线与中性线之间。如果遇到负载电压为380V时,应将负载接在两条相线之间。通常功率较小的负载均为单相负载。为了使三相电源供电均衡,这种负载大致平均分配到三相电源的三相上。这类负载的每相阻抗一般不相等,属于不对称三相负载。

三相负载:负载必须接到三相电源上才能工作,通常功率较大的负载均为三相负载。这类负载的特点是三相的负载复阻抗相等,称为对称三相负载。

在实际生活当中,单相负载和三相负载混合接在三相电源上使用是十分常见的。

1)三相负载星形连接的性质

三相负载星形连接电路如图2-19所示,将三相负载的一端连接在一起,与电源的中性线相连接,三相负载的另一端分别与电源的三条相线相连接。此时加在每相负载两端的电压就是电源的相电压,即:

$$U_P = \frac{U_L}{\sqrt{3}} \tag{2-30}$$

流过中线的电流叫中线电流,用 i_N 表示;把流过相线上的电流叫线电流,即 i_U、i_V、i_W;流过每相负载的电流叫相电流,即 i_{UN}、i_{VN}、i_{WN}。从电路图中可看出,相电流等于相应的线电流,即:

$$\dot{I}_U = \dot{I}_{UN}$$
$$\dot{I}_W = \dot{I}_{WN}$$
$$\dot{I}_V = \dot{I}_{VN}$$

得:

$$\dot{I}_N = \dot{I}_{UN} + \dot{I}_{WN} + \dot{I}_{VN}$$

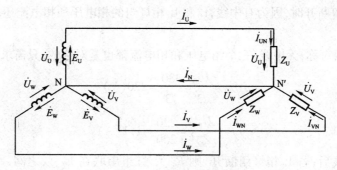

图2-19 三相负载的星形连接

若三相负载对称,则在三相对称电压的作用下,流过三相对称负载中每项负载的电流应相等,则有:

$$I_L = I_P = \frac{U_P}{|Z_P|} \tag{2-31}$$

式中,I_L 表示线电流的有效值,I_P 表示相电流的有效值。此时的中线电流为零,即:

$$I_N = 0 \tag{2-32}$$

若负载不对称,在这种情况下每相的电流是不相等的,中线电流不为0。

2)三相负载星形连接的中性线的作用

(1)三相对称电路

在三相对称电路中,当负载采用星形连接时,由于流过中性线的电流为零,电源对该类负载就不需接中性线,故三相四线制就可以变成三相三线制供电。如三相异步电动机及三相电炉等负载,当采用星形连接时,电源对该类负载就不需接中性线。通常在高压输电时,由于三相负载都是对称的三相变压器,所以都采用三线三线制供电。

(2)三相不对称电路

在三相负载不相等的情况下,即负载不对称,则中性电流不等于零,中性线不能断开。如果断开,将会导致各相负载的相电压分配不均,有时会出现很大的差异,会造成用电设备不能正常工作。故在三相四线制供电当中,中性线十分重要,不允许断开,严禁在中性线上安装开关、熔断丝等。

[例2-4] 如图2-20所示,三相四线制供电系统,线电压为380V,每相接入一组白炽灯泡,灯泡的额定电压是220V,每相灯组的等效电阻均为 $R=200\Omega$,分别计算有中性线和无中性线时下列问题:

(1)各相负载的相电压和相电流的大小。

(2)如果L_1相灯组断开,其他两相负载的相电压和相电流的大小。

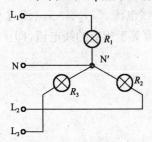

图2-20 [例2-4]图

解:

(1)有中线时

①对于三相对称负载,三个相电压和相电流都是对称的,只需求出任意一相即可。

$$U_P = \frac{U_L}{\sqrt{3}} = \frac{380}{\sqrt{3}} = 220(V)$$

$$I_P = \frac{U_P}{|Z_P|} = \frac{220}{200} = 1.1(A)$$

②当L_1相灯组断开时,因为有中线,L_2和L_3相灯组的相电压和相电流还是220V和1.1A。

(2)无中线时

①因三相负载对称,无中线,三个相电压和相电流都也是对称的,只需求出任意一相即可。

$$U_P = \frac{U_L}{\sqrt{3}} = \frac{380}{\sqrt{3}} = 220(V)$$

$$I_P = \frac{U_P}{|Z_P|} = \frac{220}{200} = 1.1(A)$$

②去除中性线后,若L_1相灯组断开,则R_2、R_3灯组串联在L_2、L_3之间,承受380V的线电压,因$R_2=R_3$,故此时每相灯组承受的电压为:

$$U_2 = U_3 = \frac{1}{2}U_L = \frac{380}{2} = 190(V)$$

电流为:

$$I_2 = I_3 = \frac{U_2}{R_2} = \frac{190}{200} = 0.95(A)$$

因R_2、R_3灯组两端电压低于额定电压220V,因此R_2、R_3灯组变暗。

2.3.3 三相负载三角形连接

三相负载的三角形连接,如图2-21所示。因为三角形连接的各相负载是接在两根相线之间,因此负载的相电压等于线电压。如果三相电源对称,则:

$$U_P = U_L \tag{2-33}$$

如果三相负载对称,则三相电流大小均相等,为:

$$I_P = \frac{U_P}{|Z_P|} \tag{2-34}$$

三个相电流在相位上互差120°,三个相电流也是对称的,其向量图如图2-22所示。

在负载三角形连接中相电流不等于线电流,根据KCL可得线电流与相电流的关系分别为:

$$\begin{cases} \dot{I}_U = \dot{I}_{UV} - \dot{I}_{WU} \\ \dot{I}_V = \dot{I}_{VW} - \dot{I}_{UV} \\ \dot{I}_W = \dot{I}_{WU} - \dot{I}_{VW} \end{cases}$$

如果三相负载对称,根据图2-22的相量几何关系,可得:

$$I_L = \sqrt{3} I_P \tag{2-35}$$

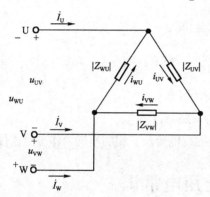

图2-21 三相负载三角形连接

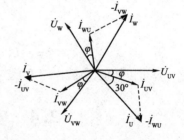

图2-22 对称负载三角形连接向量图

即当三相对称负载采用三角形连接时线电流的大小等于相电流的$\sqrt{3}$倍,线电流的相位滞后相应的相电流30°。

2.3.4 三相电路的功率

三相交流电路中,三相负载消耗的总功率为各相负载消耗功率之和,即:

$$P = P_U + P_V + P_W$$

当三相电路对称时,三相交流电路的功率等于单相功率的3倍,即:

$$P = 3U_P I_P \cos\phi \tag{2-36}$$

用线电压和线电流来计算功率,即:

$$P = \sqrt{3} U_L I_L \cos\phi \tag{2-37}$$

必须注意,ϕ仍是相电压与相电流之间的相位差,而不是线电压与线电流间的相位差。同样的道理,对称三相负载的无功功率和视在功率分别为:

$$Q = \sqrt{3} U_L I_L \sin\phi \tag{2-38}$$

$$S = \sqrt{3}U_LI_L = \sqrt{P^2 + Q^2} \tag{2-39}$$

若三相负载不对称,则应分别计算各相功率,三相总功率等于3个单相功率之和。

[例2-5] 已知某三相对称负载接在线电压为380V的三相电源中,其中每一相负载的阻值 $R=6\Omega$,感抗 $X_L=8\Omega$。试分别计算该负载作星形连接和三角形连接时的相电流、线电流以及有功功率。

解:每一相的阻抗模为:

$$|Z| = \sqrt{R^2 + X_L^2} = \sqrt{6^3 + 8^2} = 10(\Omega)$$

$$\cos\phi = \frac{R}{|Z|} = \frac{6}{10} = 0.6$$

(1)负载作Y形连接时:

$$U_P = \frac{U_L}{\sqrt{3}} = \frac{380}{\sqrt{3}} = 220(V)$$

$$I_L = I_P = \frac{U_P}{|Z|} = \frac{220}{10} = 22(A)$$

$$P = \sqrt{3}U_LI_L\cos\varphi = \sqrt{3}\times 380\times 22\times 0.6 \approx 8\,688(W)$$

(2)负载作△形连接时:

$$U_P = U_L = 380V$$

$$I_P = \frac{U_P}{|Z|} = \frac{380}{10} = 38(A)$$

$$I_L = \sqrt{3}I_P \approx 66(A)$$

$$P = \sqrt{3}U_LI_L\cos\varphi \approx 26\,063(W)$$

由以上计算可以知道,负载作三角形连接时的线电流及三相功率均为作星形连接时的3倍。

2.4 安全用电常识

2.4.1 触电的有关知识

触电是指人体触及带电体后,电流对人体造成的伤害。电流对人体的伤害,主要有电击和电伤两种。触电伤害的程度主要取决于:①作用于人体的电流;②触电者的本身状况;③作用于人体的电压。导致触电死亡的主要原因是:由于电流通过人体引起心室纤维性颤动,使心脏功能失调,供血中断,心跳停止,呼吸窒息,如不及时抢救,即会造成死亡。绝大部分触电死亡,都是属于这类情况。触电时间在1s以上时,无生命危险的电流在30mA以内。一般环境中的1s安全电压为30~60V。根据不同的环境,采用不同的安全电压,一般越潮湿的地方,安全电压越低。

按照人体与电源接触的方式和电流通过人体的途径,触电事故可分为两相(线—线)触电、单相(线—地)触电和跨步电压触电三种类型。

1)单相触电

人站在大地上,身体的某一部位触及到一根相线或带电导体,这种触电方式称为单相(线—地)触电。这种触电事故的规律及后果与电网中性点连接方式有关。

（1）电源中性点接地的单相触电

如图 2-23 所示,这时人体处于相电压之下,危险性较大。如果人体与地面的绝缘较好,危险性可以大大减小。

（2）电源中性点不接地的单相触电

如图 2-24 所示,这种触电也有危险。看起来,似乎电源中性点不接地时,不能构成电流通过人体的回路。其实不然,要考虑到导线与地面间的绝缘可能不良,甚至有一相接地,在这种情况下人体中就有电流通过。

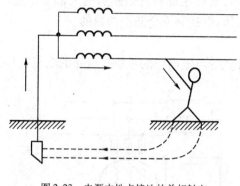

图 2-23　电源中性点接地的单相触电

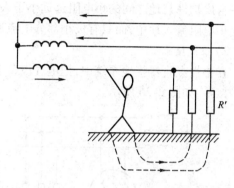

图 2-24　电源中性点不接地的单相触电

2）两相触电

人体不同的两个部位同时分别接触到电源的两根相线,或者接触到一根相线和中性线,称为两相（线—线）触电,两相触电是相当危险的。

在高压系统中,若人体同时接近两相带电体发生的触电事故,也属线—线触电。

3）跨步电压触电

当架空线路的一根带电导线断落在地上时,落地点的电位就是导线的电位,电流就会从落地点流入地中。距离落地点越远,地面电位也越低。在落地点 20m 以外,地面电位近似等于零。在 10m 以内,不但地面的电位高,而且地面上两点之间的电位差也大。

把电线的落地点作为圆心,画出若干个同心圆,以表示电线落地点周围的电位分布。离电线落地点越近,地面电位越高。如果人的两脚站在离落地电线远近不同的位置上,两脚之间就有电位差,这个电位差叫做跨步电压。落地电线的电压越高,跨步电压也越高。人体触及跨步电压而造成的触电,称为跨步电压触电。

跨步电压触电时,电流仅通过身体下半部及两下肢,基本上不通过人体的重要器官。但当跨步电压较高时,流过两下肢电流较大,导致两下肢肌肉强烈收缩,此时如身体重心不稳而跌倒在地上,这样就可能使电流通过人体的重要器官,引起人身触电死亡事故。

2.4.2　保护接地与保护接零

电气设备的金属外壳、构架、底板等部分在正常情况下是不带电的,但因绝缘损坏或其他原因导致这些原本不带电的金属部分变成带电体,因而有可能造成人身触电或跨步电压触电事故。为避免或减少此类事故的发生,工程上广泛采用"保护接地"或"保护接零"的安全措施。

1）保护接地

保护接地,就是把故障情况下可能呈现对地危险电压的金属部分（例如,所有电机、电器的金属外壳、底座、传动装置、框架、金属遮拦、电缆头、布线钢管、电容器箱等）均与大地紧密连接起来,以保障人身安全。保护接地应用在中性点没有接地的系统中。

当电气设备不接地时(图2-25),若绝缘损坏,一相电源碰壳,电流经人体电阻 R_b、大地和线路对地绝缘等效电阻 R' 构成回路。此时若线路绝缘损坏,电阻 R' 变小,流过人体的电流增大,便会触电。当电气设备接地时,虽有一相电源碰壳,但由于人体电阻 R_b 远大于接地电阻 R_0(一般为几欧),所以通过人体的电流 I_b 极小,流过接地装置的电流 I_0 则很大,从而保证了人体安全。

保护接地的实质是:将所有不带电的金属构件通过小电阻接地。因此当绝缘损坏时,由于这些金属构件与地之间的小电阻远远小于人体电阻,所以金属构件短路后的大部分电流均通过此小电阻流入地中,而只有极小部分电流通过人体,以达到安全防护的目的。

2)保护接零

在中性点直接接地系统中,把电气设备金属外壳等与电网中的零线作可靠的电气连接,称保护接零,如图2-26所示。

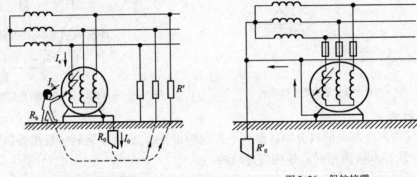

图2-25 保护接地　　　　图2-26 保护接零

保护接零可以起到保护人身和设备安全的作用,其原理为当一相绝缘损坏碰壳时,由于外壳与零线连通,形成该相对零线的单相短路。短路电流使线路上的保护装置(如熔断器、低压断路器等)迅速动作,切断电源,消除触电危险。对未接零设备,对地短路电流不一定能使线路保护装置迅速可靠动作,保护接零的实质是短路保护。

单元小结

(1)正弦量是指随时间按正弦规律变化的电压或电流。正弦量的三要素是:最大值、角频率和初相位。

(2)正弦量可以用解析式、波形图及相量来表示。相量表示便于交流电路的分析和计算。

(3)交流电路中,电阻、电感、电容元件的特性:

①在电阻元件的交流电路中,电压和电流是同相的,电压的幅值(或有效值)与电流的幅值(或有效值)之比值为电阻 R。

②在电感元件的交流电路中,电压在相位上比电流超前90°,电压的幅值(或有效值)与电流的幅值(或有效值)之比值为感抗 X_L。

③在电容元件的交流电路中,电压在相位上比电流滞后90°,电压的幅值(或有效值)与电流的幅值(或有效值)之比值为容抗 X_C。

(4)正弦交流电路的功率。

有功功率:$P = UI\cos\phi$ 是电路实际消耗的平均功率,即电路中所有电阻消耗的功率之和,单位为:瓦(W)。$\cos\phi$ 称为功率因数。

无功功率：$Q = UI\sin\phi$，单位为乏（var）。

视在功率：$S = UI$，单位为伏安（VA）。

有功功率、无功功率、视在功率之间的关系为：$S^2 = P^2 + Q^2$。

（5）将三相电源的末端连接在一起，称为中性点，从中性点引出一根输电线称为中性线或零线。从三个始端引出三条输电线，称为相线，俗称火线，电源三相绕组的这种连接方式称为星形连接。由三条相线、一条中性线组成的统一供电系统称为三相四线制供电系统。

三相四线制供电系统能够提供两种电压：相电压和线电压，此时 $U_L = \sqrt{3}U_P$。

（6）三相对称负载连接的特点。

负载星形连接：$U_P = \dfrac{U_L}{\sqrt{3}}, I_P = I_L$。

负载三角形连接：$U_P = U_L, I_L = \sqrt{3}I_P$。

三相负载的总功率：$P = \sqrt{3}U_L I_L \cos\phi$。

式中，ϕ 为相电压和相电流的相位差。

（7）在中性点没有接地的系统中，把电气设备金属外壳等与大地紧密连接起来称保护接地。在中性点直接接地系统中，把电气设备金属外壳等与电网中的零线作可靠的电气连接称保护接零。

思考与练习

1）填空题

（1）已知交流电 $i = 3\sqrt{2}\sin(100\pi t + 90°)$，该正弦电流的有效值为_____，频率为_____，初相位为_____。

（2）已知交流电 $u_1 = 100\sqrt{2}\sin(314t + 30°)$，$u_2 = 100\sqrt{2}\sin(314t + 120°)$，则 $u_1 + u_2 =$ _____，$u_1 - u_2 =$ _____。

（3）在 R、L、C 串联电路中，已知电流为 5A，电阻为 30Ω，感抗为 40Ω，容抗为 80Ω，那么电路的阻抗为_____，该电路为_____性电路。电路的有功功率为_____，无功功率为_____。

（4）有一对称三相负载呈星形连接，每相阻抗均为 22Ω，功率因数为 0.8，又测出负载中的电流为 10A，那么三相电路的有功功率为_____，无功功率为_____，视在功率为_____。

（5）对称三相负载作三角形连接，接在线电压 380V 的三相电源上，三相负载的每相阻抗均为 $Z = 30 + j40(\Omega)$。此时负载端的相电压等于_____，相电流等于_____，线电流等于_____，三相电路的有功功率等于_____。

2）判断题

（1）正弦量的三要素是指幅值、周期和初相位。　　　　　　　　　　　　　　　（　）

（2）因为正弦量可以用相量来表示，所以说相量就是正弦量。　　　　　　　　　（　）

（3）正弦交流电路的视在功率等于有功功率和无功功率之和。　　　　　　　　　（　）

（4）正弦交流电路的频率越高，阻抗越大；频率越低，阻抗越小。　　　　　　　（　）

（5）三相负载作三角形连接时，总有 $I_L = \sqrt{3}I_P$ 成立。　　　　　　　　　　（　）

（6）三相不对称负载越接近对称，中线上通过的电流就越小。　　　　　　　　　（　）

3) 选择题

(1) 某正弦交流电压有效值为 380V，频率为 50Hz，计时起始数值等于 380V，其瞬时值表达式为（ ）。

  A. $u=380\sin 314t$ B. $u=537\sin(314t+45°)$
  C. $u=380\sin(314t+90°)$ D. $u=537\sin(314t-45°)$

(2) 已知 $i_1=10\sin(314t+90°)$，$i_2=10\sin(628t+30°)$，则（ ）。

  A. i_1 超前 i_2 60°   B. i_1 滞后 i_2 60°   C. i_1 超前 i_2 90°   D. 相位差无法判断

(3) 电容元器件的正弦交流电路中，电压有效值不变，频率增大时，电路中电流将（ ）。

  A. 增大   B. 减小   C. 不变

(4) 在 R、L、C 串联电路中，$U_R=4V$，$U_L=12V$，$U_C=9V$ 则总电压为（ ）。

  A. 2V   B. 3V   C. 5V   D. 4V

(5) 某感性负载用并联电容器法提高功率因数后，该负载的无功功率将（ ）。

  A. 保持不变   B. 减小   C. 增大   D. 无法判断

(6) 三相四线制供电线路，已知作星形连接的三相负载中，A 相为纯电阻，B 相为纯电感，C 相为纯电容，通过三相负载的电流均为 10A，则中线电流为（ ）。

  A. 30A   B. 10A   C. 7.32A   D. 1.732A

4) 计算题

(1) 电路图 2-27 所示，已知 $u=100\sin(314t+30°)$，$i=22.36\sin(314t+19.7°)$，$i_2=10\sin(314t+83.13°)$，试求：i_1、Z_1、Z_2 并说明 Z_1、Z_2 的性质，绘出相量图。

(2) 有一 R、L、C 串联的交流电路，已知 $R=X_L=X_C=10\Omega$，$I=1A$，试求电压 U、U_R、U_L、U_C 和电路总阻抗 $|Z|$。

(3) 电路图 2-28 所示，已知 $R_1=40\Omega$，$X_L=30\Omega$，$R_2=60\Omega$，$X_C=60\Omega$，接于 220V 电源上。试求各支路电流及总的有功功率。

(4) 已知电路图 2-29 所示。电源线电压 $U_L=380V$，每根负载的阻抗为 $R=X_L=X_C=10\Omega$。试求：(1) 该三相负载能否称为对称负载？为什么？(2) 求中线电流，并作出相量图。(3) 求三相负载总功率。

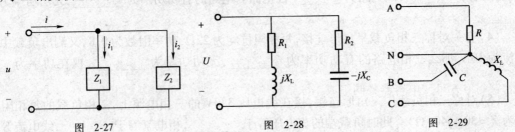

图 2-27   图 2-28   图 2-29

(5) 三相四线制电路中，电源线电压为 380V，对称三相负载的额定电压为 380V，每项负载 $R=10\Omega$，$X_L=10\Omega$。(1) 三相负载作何种方式连接？(2) 求线电流和相电流；(3) 求三相负载的总功率。

拓展学习

拓展3 R、L、C 电路的串联谐振

由电阻、电感、电容构成的电路(图 2-30)，在正弦电流激励下，当电路两端电压与通过电

路的电流同相位时,电路呈电阻性,通常把这一现象称为谐振。按照电路连接方式的不同,谐振可以分为串联谐振和并联谐振。下面分析串联谐振发生的条件和特征。

1) 串联谐振的条件

要使电路处于串联谐振状态,电压与电流同相,电路呈阻性,必须满足:

$$X_L = X_C$$

$$\omega_0 L = \frac{1}{\omega_0 C}$$

串联谐振的角频率:

$$\omega_0 = \frac{1}{\sqrt{LC}} \quad (2-40)$$

串联谐振频率:

$$f_0 = \frac{1}{2\pi\sqrt{LC}} \quad (2-41)$$

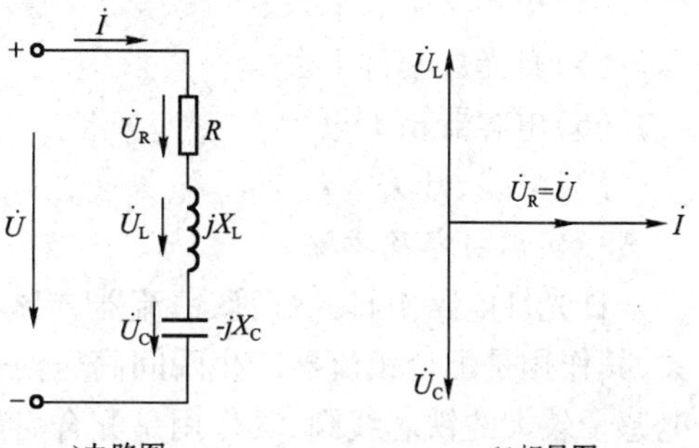

谐振频率 f_0 与电阻 R 无关,由元件参数 L、C 决定,反映了串联谐振电路的固有特性,f_0 又称电路的固有频率。当电源频率 $f = f_0$ 时,电路产生谐振现象,此时电路的阻抗称为谐振阻抗,用 Z_0 表示,电路电流称为谐振电流,用 I_0 表示。

图 2-30 R、L、C 串联谐振电路图和相量图

2) 串联谐振的特点

(1) 谐振时,电压与电流同相,即电压与电流相位差 $\varphi = 0$,电路呈现纯电阻性。

(2) 谐振时,$X_L = X_C$,此时阻抗 $|Z| = \sqrt{R^2 + X^2}$ 最小,故谐振电流 I_0 达到最大。

(3) 谐振时,$X_L = X_C$,则 $U_L = U_C$,$\dot{U}_L + \dot{U}_C = 0$,因此串联谐振又称为电压谐振。

U_L 或 U_C 与电源电压 U 的比值,称为串联谐振电路的品质因数或谐振系数,用 Q 表示。

$$Q = \frac{U_L}{U} = \frac{U_C}{U} = \frac{X_L}{R} = \frac{X_C}{R} = \frac{1}{R}\sqrt{\frac{L}{C}} \quad (2-42)$$

Q 值一般可达几十至几百,因此谐振时,电感电压和电容电压可能很大。

在电力系统中,往往要避免谐振的发生。如果出现串联谐振现象,会使电感线圈和电容器的端电压过高、回路电流过大,导致元件过热、击穿绝缘等事故发生。在电子和无线电工程中,如果改变电源频率 f 或电路参数 L 与 C 的值,可使电路发生谐振或消除谐振。

应用谐振现象选择信号是电子技术中经常采用的方法。日常生活中我们听广播、看电视能选择不同的电台、电视台,就是借助能选择线号的谐振电路。收音机的磁棒线圈是天线线圈,它与空气可变电容器共同组成串联谐振电路,作为收音机的输入回路。

技能训练

实训3 日光灯电路实训

1) 实训目的

(1) 了解日光灯电路中各元件的作用。

(2) 会组装日光灯电路。

(3) 验证 R、L 串联电路中各电压的关系。

(4) 了解并联电容器是提高电路功率因数的有效方法。

2) 实训器材

(1) 单相交流电源 1 台。

(2) 交流电流表 1 只。

(3) 交流电压表 1 只。

(4) 单相功率表 1 只。

(5) 日光灯套件 1 套。

(6) 电容器箱 1 只。

(7) 导线、开关等若干。

3) 实训内容及步骤

日光灯电路由日光灯管、镇流器、启辉器组成,如图 2-31 所示。启辉器相当于一个自动开关,其作用是配合镇流器产生瞬间高压使灯管发光,在灯丝电路接通后又自动断开。镇流器是电感量较大的铁芯线圈,其作用是配合启辉器产生瞬间高压使灯管发光,在灯管正常发光后又能起到降压限流的作用。

(1) 按图 2-32 接线,在合上电源开关 S_1 前,开关 S_2 应闭合,防止日光灯较大的启动电流冲击功率表和电流表。电容器箱开关全部断开。

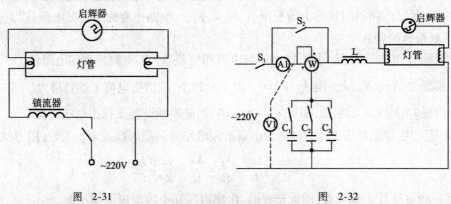

图 2-31 　　　　　　　　　　　图 2-32

日光灯点亮后,调整电压至 220V,断开开关 S_2,读取电流表、电压表、功率表数值记入表 2-1,并计算功率因数 $\cos\phi$ 和交流阻抗 Z、R、X_L 填入表 2-1。

(2) 在日光灯电路的电源输入端并联电容,读取电流表、电压表、功率表数值记入表 2-1。计算功率因数 $\cos\phi$,填入表 2-1。

并联电容器提高功率因数　　　　　　　　　表 2-1

电路情况	测量值			计算值			
	$U(V)$	$I(A)$	$P(W)$	$Z(\Omega)$	$R(\Omega)$	$X_L(\Omega)$	$\cos\phi$
未并电容							
并入电容 C_1							
并入电容 C_2							
并入电容 C_3							

4) 注意事项

(1) 单相功率表共有两个线圈,四个接线端子。其中,两个是电压线圈的接线端子,测量时应与被测电路并联;另两个是电流线圈的接线端子,测量时应与被测电路串联。注意不可接错。

(2)电容器箱在试验前应处于断开状态,根据试验情况逐步增大电容量,应注意电容器的耐压要符合要求。

(3)日光灯线路连接要正确,防止损坏灯管。

5)思考题

(1)日光灯正常发光后,能否拆除启辉器?

(2)灯管电压、镇流器电压、电源电压有何关系?

单元 3

磁路及磁路元件

知识目标

了解磁路和铁磁材料的基本知识,认识一些常见的磁路元件,掌握变压器的结构、原理、性质、铭牌和功能等知识。

3.1 磁　　路

电工技术中不仅要讨论电路问题,还将讨论磁路问题。因为很多电工设备与电路和磁场有关,如电动机、变压器、电磁铁及电工测量仪表等。磁路问题不仅与磁场有关,也与磁场介质和通往磁场的电流相关,通过本章的学习了解磁路和电路的关系,对变压器的工作原理和基本特性进行分析和学习。

3.1.1 磁场的基本知识

1) 磁感应强度 B

表示磁场内某点的磁场强弱和方向的物理量。它是一个矢量,其方向与该点的磁力线方向一致,磁感应强度方向与产生该磁场的电流方向之间的关系符合右手螺旋定则。其大小可用下式表示:

$$B = \frac{\Phi}{S}(\Phi = BS) \tag{3-1}$$

由式(3-1)可见,磁感应强度在数值上可以看成与磁场方向垂直的单位面积所通过的磁通,故磁感应强度又称为磁通密度。如果用磁感线来描述磁场,使磁感线的疏密反映磁感应强度的大小,磁感应强度又可以理解为通过与磁场方向垂直的单位面积的磁感线的总数。

在国际单位制中,磁感应强度 B 的单位是特斯拉(T)。

如果磁场内某区域内各点的磁感应强度大小相等、方向相同,则该区域磁场称为均匀磁场(匀强磁场)。

2) 磁通 Φ

在匀强磁场中,磁感应强度 B 与垂直于磁场方向面积 S 的乘积,称为通过该面积的磁通 Φ。

$$\Phi = BS$$

在国际单位制中,磁通的单位是韦伯(Wb)。

3) 磁导率 μ

处在磁场中的任何物质均会或多或少地影响磁场的强弱,而影响程度则与该物质的导磁性能有关。磁导率就是用来衡量物质导磁性能的物理量,用符号 μ 表示。它的单位是亨/米(H/m)。

真空磁导率为:
$$\mu_0 = 4\pi \times 10^{-7} \text{H/m}$$

为了便于比较物质导磁能力的高低,我们引入相对磁导率 μ_r。相对磁导率即某材料的磁导率与真空磁导率的比值,即:

$$\mu_r = \frac{\mu}{\mu_0} \tag{3-2}$$

4) 磁场强度 H

磁场强度是进行磁场计算时引入的一个物理量,也是一个矢量,用符号 H 表示,它与磁感应强度之间的关系为:

$$H = \frac{B}{\mu} \text{ 或 } B = \mu H \tag{3-3}$$

在国际单位制中,磁场强度的单位为安每米(A/m)。

在环形线圈的磁场中(图3-1),磁场强度和电流的关系遵循安培环路定律(又称全电流定律),即磁场中磁场强度 H 沿任何闭合曲线的线积分,等于穿过该闭合曲线所包围曲面的电流代数和,即:

$$\oint_l H dl = \sum I \tag{3-4}$$

式中,右项电流正方向与闭合曲线的绕行方向符合右手螺旋法则时为正,反之则取负号。

如果穿过闭合曲线所包围面积的有 N 匝线圈,则有:

$$\sum I = NI \tag{3-5}$$

对于图3-1所示的环形螺线管,假设线圈均匀密绕,线圈内磁介质性质均匀,取磁感应线作为闭合回线,其方向作为回线的绕行方向时;有:

$$\oint_l H dl = Hl$$

则环形定律可表示为:

$$Hl = NI$$

线圈匝数 N 与电流 I 的乘积称为磁动势 F,即 $F = NI$,磁通就是由它产生的,则磁场强度可表示为:

$$H = \frac{NI}{l} = \frac{F}{l} \tag{3-6}$$

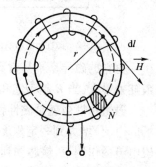

图3-1 环形线圈的磁路

3.1.2 铁磁材料的磁性能

为产生较高的磁感应强度并使磁场主要集中在规定的路径内,需要用导磁性能较好的材料来制作磁路。铁、镍、钴及其合金以及铁氧体等材料,这些材料的磁导率很高,导磁性能好,因此被称为铁磁材料,是电工设备中构成磁路的主要材料,如各种变压器、电动机、电磁铁等设备中线圈中的铁芯几乎都由磁性材料构成,利于其高导磁性,使得在较小的电流情况下得到尽可能大的磁感应强度和磁通。而对于非磁性材料没有磁畴的结构,所以不具有磁化特性。

导磁材料具有很强的导磁能力,其相对磁导率可达 $10^2 \sim 10^5$ 量级。这是因为在它的内部分子中电子的绕核运动和自转形成分子电流,分子电流产生磁场,形成了很多具有磁场的区域,这些小区域称为磁畴。在没有外磁场作用时,各磁畴是混乱排列的,如图 3-2 所示。当在外磁场作用下,磁畴就逐渐转到与外磁场一致的方向上,形成一个与外磁场方向一致的磁化磁场,从而磁性物质内的磁感应强度大大增加。

线圈中通入不大的励磁电流时,铁芯中就会产生具有足够大磁通和磁感应强度的磁场。铁磁材料由于磁化所产生的磁化磁场不会随外磁场的增加而无限增强。当外磁场 H(或励磁电流)增大到一定值时,磁化磁场的磁感应强度 B 达到饱和。

铁磁材料 B、H 之间没有准确的数学表达式,只能用 $B-H$ 曲线来描述,这条曲线称为磁化曲线。图 3-3 是用实验方法在铁磁材料反复磁化的情况下得到的曲线,称为基本磁化曲线。由图可以看出,在同一 H 值的作用下,硅钢片的 B 值最大,所以电机的机体常采用导磁性好的硅钢片组成。从图中我们可以看出,铁磁材料在反复的磁化中,先是 H 从 0 开始增大时,B 值随之加大,但是随着 H 增大到一定值时,B 值趋于平直,它表明了铁磁材料在磁化时有磁饱和现象。

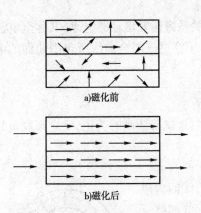

图 3-2 磁性物质的磁化示意图

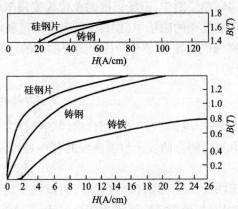

图 3-3 磁化曲线

材料的磁导率不是常数,μ 与 H 的关系如图 3-4 所示。μ 的值开始很小,在 $B-H$ 的曲线最陡处最大,当 B 趋于饱和时 μ 又变小。

磁饱和性也就是磁性物质因磁化产生的磁场是不会无限制增加的,当外磁场(或激励磁场的电流)增大到一定程度时,全部磁畴都会转向与外磁场方向一致。变压器铁芯线圈在励磁电流的作用下,铁芯受到磁化。

交流励磁时,磁感应强度 B 总是滞后于磁场强度 H 的变化,这种现象称磁性材料磁滞性。图 3-5 所示的曲线描述了这种特性,称为磁滞回线。

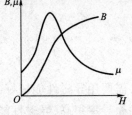

图 3-4 $\mu-H$ 曲线和 $B-H$ 曲线

实验证明,当铁磁材料中的磁感应强度 B 和磁场强度 H 作周期性的往复变化时,B 和 H 的关系不是如图 3-4 所示的单值变化关系,而是如图 3-5 所示的多值变化关系。当磁场强度由 H_m 减小到零时,磁感应强度并不减小到零,而是等于 B_r,B_r 称为剩余磁感应强度,简称剩磁。若要去掉剩磁,使 $B=0$,就必须在相反方向上加外磁场,即施加反向磁场强度 H_c,H_c 称为矫顽力。继续增加反向 H 达到 $-H_m$ 时，B 才等于 $-B_m$。如此往复变化，这种 B 滞后于 H 变化的现象即为磁滞现象，而 $B-H$ 曲线所围成的回线即为磁滞回线。

磁性材料的特性不同，它们的磁滞回线也不同。根据磁滞回线形状常把磁性材料分成如下几种。

(1) 软磁材料：这种材料的矫顽力、剩磁都较小，磁滞回线较窄，如图 3-6a) 所示。硅钢、铸钢及坡莫合金等都属于软磁材料，是制造电动机和变压器等电工设备铁芯的良好材料。软磁铁氧体也属于软磁材料，而半导体收音机的磁棒、中周变压器的铁芯等都是用软磁铁氧体制成的。

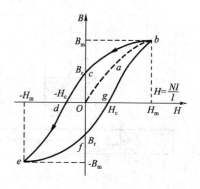

图 3-5　磁滞回线

(2) 硬磁材料：这类材料的矫顽力、剩磁都较大，磁滞回线较宽，如图 3-6b) 所示。这种材料不易退磁，很适合于制造永久磁铁，常用的有碳钢、钴钢及铁镍铝钴合金等。

(3) 矩磁材料：这种材料两个方向上的剩磁都很大，接近饱和。但矫顽力却很小，在较小的外磁场作用下就能使它正向或反向饱和磁化，即易于"翻转"，去掉外磁场后，与饱和磁化时方向相同的剩磁稳定地保持下去，即它具有记忆性，如图 3-6c) 所示。因此在计算机和控制系统中可用作记忆元件、开关元件和逻辑元件，常用的有镁锰铁氧体及铁镍合金等。

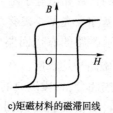

a) 软磁材料的磁滞回线　　b) 硬磁材料的磁滞回线　　c) 矩磁材料的磁滞回线

图 3-6　磁性材料的磁滞回线

3.1.3　磁路的欧姆定律

安培环路定律是计算磁路的基本定律。根据安培环路定律可以导出磁路的欧姆定律和基尔霍夫定律。

对于图 3-1 所示的均匀环形螺线管磁路，由：

$$B = \frac{\Phi}{S} \qquad H = \frac{B}{\mu} \qquad Hl = NI$$

可导出：

$$NI = \frac{\Phi l}{\mu S}$$

令 $R_m = \dfrac{1}{\mu S}$，而 $F = NI$，则：

$$\Phi = \frac{F}{R_m} \tag{3-7}$$

式 (3-7) 与电路欧姆定律的形式相同，因此称为磁路欧姆定律。式中，F 为磁动势，而 R_m 称为磁阻，表示磁路的材料对磁通的阻碍作用。

由于一般电气设备的磁路都是由铁磁材料制成的,而铁磁材料的磁导率不是常数,所以磁阻 R_m 是非线性的。因此,磁路欧姆定律一般只适用于对磁路进行定性分析,而不能像电路欧姆定律那样能够进行定量计算。

1)磁路的基尔霍夫第一定律

图 3-7 所示电磁铁结构是一个典型的有分支磁路。图中,中间的铁芯截面积 S_1 较大,通电流的线圈(又称励磁线圈)匝数为 N,套在中间铁芯柱上。两边为磁分支,截面积为 S_2,上部铁芯不能移动,称为静铁芯(定铁芯),下部为可移动的动铁芯(衔铁),其截面积为 S_3,与静铁芯之间的距离为 δ。

忽略漏磁,根据磁通连续性原理,在磁路分支处应满足:

$$\Phi_1 = \Phi_2 + \Phi_3$$

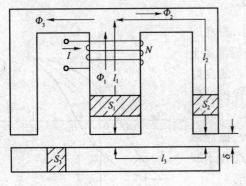

图 3-7 有分支的磁路

其一般化公式为:

$$\sum \Phi = 0 \tag{3-8}$$

式(3-8)所表示的磁路中磁通的关系称为磁路的基尔霍夫第一定律。它表明在磁路的任一分支处磁通的代数和恒等于零。

2)磁路的基尔霍夫第二定律

图 3-7 所示磁路的右边回路中,磁路由几段组成,每段的平均长度为 l_1、l_2、l_3 和 l_0,其中 $l_0 = 2\delta$,为气隙磁路平均长度。在工程计算时,常略去漏磁通不计,认为磁通全部在铁芯和气隙组成的磁路内闭合,各段磁通的值不变,截面积不变,故 B 和 H 也不变,它们分别为:B_1、B_2、B_3 和 B_0,H_1、H_2、H_3 和 H_0。对此回路应用安培环路定律可得:

$$H_1 l_1 + H_2 l_2 + H_3 l_3 + H_0 l_0 = NI \tag{3-9}$$

上式等号左边为磁路内各段磁压降之和,而等号右边则为磁动势。其一般表达式可写成:

$$\sum (Hl) = \sum (F) \tag{3-10}$$

式(3-10)就是磁路的基尔霍夫第二定律。它表明在闭合的磁回路内各磁压降的代数和等于磁动势的代数和。在式(3-10)中,顺着回路方向的磁压降取正号,反之取负号;与回路绕行方向成右手螺旋关系的磁动势取正号,反之取负号。

3)简单磁路的计算

磁路与电路一样,也可分为直流磁路和交流磁路。励磁线圈中通入直流电流的磁路为直流磁路,通入交流电流的磁路为交流磁路。磁路和电路的物理量及其基本定律有相似之处,可以用类比方法列出电路和磁路的对偶关系,见表 3-1。

应该指出,磁路虽然与电路具有对偶关系,但绝不意味着两者的物理本质相同。例如,电路如果开路,虽有电动势也不会有电流,而在磁路中,即使存在着空气隙,只要有磁动势必然有磁通。在电路中直流电流通过电阻时要消耗能量,而在磁路中,恒定磁通通过磁阻时并不消耗能量。

磁路和电路有很多相似之处,但分析与处理磁路比电路难得多。主要原因如下:

(1)在处理电路时不涉及电场问题,在处理磁路时却离不开磁场的概念。

(2)在处理电路时一般可以不考虑漏电流,而在处理磁路时一般都要考虑漏磁通。

(3)磁路欧姆定律和电路欧姆定律只是在形式上相似。由于 μ 不是常数,其随励磁电流而变,所以磁路欧姆定律不能直接用来计算,只能用于定性分析。

(4)在电路中,当 $E=0$ 时,$I=0$;但在磁路中,由于有剩磁,当 $F=0$ 时,Φ 不为零。

电路和磁路的对偶关系　　　　　　　　　　表 3-1

电　　路		磁　　路	
电流	I	磁通	Φ
电动势	E	磁动势	$F=NI$
电导率	ρ	磁导率	μ
电阻	R	磁阻	R_m
电压降	$U=IR$	磁压降	$Hl=\Phi R_m$
欧姆定律	$I=E/R$	磁路欧姆定律	$\Phi=F/R_m$
基尔霍夫第一定律	$\sum I=0$	基尔霍夫第一定律	$\sum \Phi=0$
基尔霍夫第二定律	$\sum IR=\sum E$	基尔霍夫第二定律	$\sum Hl=\sum NI$

3.2　交流铁芯线圈电路

3.2.1　电磁关系

绕在铁芯上的线圈通以交流电后就是交流铁芯线圈。以磁路图 3-8 为例讨论其中的电磁关系。当线圈施加交流电压 u 时,线圈中电流 i 也是交变的,并产生交变的磁通势 iN(N 为线圈匝数)。交变的磁通势 iN 产生两部分磁通,即穿过全部铁芯闭合的主磁通 Φ 和主要经过空气或其他非铁磁物质而形成闭合回路的漏磁通 Φ_σ。交变的 Φ 和 Φ_σ 分别在线圈中产生感应电动势 e 和漏磁电动势 e_σ。此外,Φ 的交变引起涡流和磁滞损耗使铁芯发热,电流流经线圈时还将产生电阻压降 iR 等。上述发生的电磁关系表示如下:

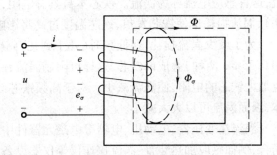

图 3-8　交流铁芯线圈电路

$$u = iR - e - e_\sigma$$

由于线圈电阻上的电压降 iR 和漏磁通电动势 e_σ 都很小,与主磁通电动势 e 比较,均可忽略不计,故上式写成:

$$u = -e$$

设主磁通 $\Phi = \Phi_m \sin\omega t$,则 $e = -\dfrac{N\mathrm{d}\Phi}{\mathrm{d}t} = -\omega N\Phi_m \cos\omega t = E_m \sin(\omega t - 90°)$

式中,$E_m = \omega N\Phi_m$ 是磁通电动势的最大值,而有效值为:

$$E = \frac{E_m}{\sqrt{2}} = \frac{2\pi f N\Phi_m}{\sqrt{2}} = 4.44 f N\Phi_m$$

故:

$$U \approx E = 4.44 f N\Phi_m \tag{3-11}$$

$$\Phi_{\mathrm{m}} \approx \frac{U}{4.44fN} \tag{3-12}$$

式中,Φ_{m} 的单位是韦伯(Wb),f 的单位是赫兹(Hz),U 的单位是伏特(V)。

由式(3-12)可知,对于正弦激励的交流铁芯线圈,电源的电压和频率不变,其主磁通就基本上恒定不变。磁通仅与电源有关,而与磁路无关。

3.2.2 功率损耗

在交流铁芯线圈中的功率损耗包括铜损 ΔP_{Cu} 和铁损 ΔP_{Fe} 两部分。铜损 ΔP_{Cu} 由线圈电阻上的热效应引起,铁损 ΔP_{Fe} 是由铁芯铁磁物质的涡流和磁滞现象所产生的,因此铁损包括磁滞损耗(ΔP_{h})和涡流损耗(ΔP_{e})两部分。

1)磁滞损耗 ΔP_{h}

铁芯在交变磁通的作用下被反复磁化,在这一过程中,磁感应强度 B 的变化落后于 H,这一现象称为磁滞。由于磁滞现象造成的能量损耗称为磁滞损耗,用 ΔP_{h} 表示。它是由铁磁材料内部磁畴反复转向,磁畴间相互摩擦引起铁芯发热而造成的损耗。铁芯单位面积内每周期产生的损耗与磁滞回线所包围的面积成正比。为了减少磁滞损耗,交流铁芯均由软磁材料制成。

2)涡流损耗 ΔP_{e}

当交变磁通穿过铁芯时,铁芯中在垂直于磁通方向的平面内要产生感应电动势和感应电流,这种感应电流称为涡流。铁芯本身具有电阻,涡流在铁芯中要产生能量损耗(称为涡流损耗),涡流损耗也使铁芯发热,铁芯温度过高将影响电气设备正常工作。

为了减少涡流损耗,在低频时(几十到几百赫)可用涂以绝缘漆的硅钢片(厚度有 0.5mm 和 0.35mm 两种)叠成的铁芯,这样可限制涡流在较小的截面内流通,增长涡流流过的路径,相应加大铁芯的电阻,使涡流减小。对于高频铁芯线圈,可采用铁氧体磁芯,这种磁芯近似绝缘体,因而涡流可以大大减小。

涡流在变压器、电动机、电器等电磁元器件中消耗能量、引起发热,因而是有害的。但有些场合,例如感应加热装置、涡流探伤仪等仪器设备,却是以涡流效应为基础的。

综上所述,交流铁芯线圈电路的功率损耗由以下三部分组成,铜损 ΔP_{Cu}、磁滞损耗 ΔP_{h}、涡流损耗 ΔP_{e},即:

$$\Delta P = \Delta P_{\mathrm{Cu}} + \Delta P_{\mathrm{Fe}} = \Delta P_{\mathrm{Cu}} + \Delta P_{\mathrm{e}} + \Delta P_{\mathrm{h}} \tag{3-13}$$

3.2.3 电磁铁

电磁铁是电流磁效应(电生磁)的一个应用,电磁铁在生产中的应用极为普遍,图 3-9 电磁铁可分为线圈、铁芯及衔铁三部分,它的结构形式通常有如图 3-9 所示的几种。它利用铁芯、线圈吸引衔铁使机械零件固定和保持一定位置的电器。当接通电源时,衔铁吸起;当断开电源时,衔铁落下,磁铁的磁性随着消失,衔铁或其他零件即被释放。在各种电磁继电器和接触器中,电磁铁的主要作用是开闭电路。

根据电磁铁线圈使用的是直流电(DC)还是交流电(AC),电磁铁可以分为直流电磁铁和交流电磁铁两大类型。

如果按照用途来划分,电磁铁主要可分成以下五种。

(1)牵引电磁铁:用来牵引机械装置、开启或关闭各种阀门,以执行自动控制任务。

(2)起重电磁铁：用作起重装置来吊运钢锭、钢材、铁砂等铁磁性材料。

(3)制动电磁铁：主要用于对电动机进行制动以达到准确停车的目的。

(4)自动电器的电磁系统：如电磁继电器和接触器的电磁系统、自动开关的电磁脱扣器及操作电磁铁等。

(5)其他用途的电磁铁：如磨床的电磁吸盘以及电磁振动器等。

继电器也是电磁铁的重要应用之一，我们将在单元5介绍相关继电器的一些基本知识。

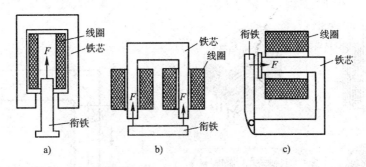

图3-9 不同衔铁位置的电磁铁应用

3.3 变 压 器

电力变压器是最广泛的一种变压器，其功能是将电力系统中的电压升高或降低，以利电能合理输送、分配和使用。从电厂发出的电能，要经过很长的输电线路输送给远方的用电用户，为了减少输电线路上的电能损耗，必须采用高压或超高压输送。而目前一般发电厂发的电由于受到绝缘水平的限制，电压不能太高，这就要经过变压器将电厂发出的电压升高，然后再送到电力网，这种变压器称升压变压器。对用户来说，也要经过变压器，将电力系统的高电压变成符合用户各种电气设备要求的电压，作为这种用途的变压器称为降压变压器。变压器也广泛使用在工程机械电力设备中，如电磁开关、高压电感线圈等。变压器还有电源变换、阻抗变换等其他作用。在电炉、电焊、整流和电器测量方面还应用着各种特种变压器。

3.3.1 变压器的结构

变压器是借助于电磁感应，以相同的频率，在两个或更多的绕组之间交换交流电压或电流的一种电气设备。变压器的主要结构由铁芯和绕组组成，如图3-10所示。

铁芯是构成变压器的主体部分，担任着电磁耦合的作用。绕组构成电路的一部分，与电源连接的绕组通常称为一次绕组(原绕组)，与负载相连的绕组称为二次绕组(副绕组)。一次绕组由电源输入功率，二次绕组向负载输出功率，一次绕组、二次绕组和铁芯之间都要进行绝缘。工业上使用的大容量的变压器一般都配有散热装置。

变压器有不同的使用条件、安装环境，有不同的电压等级和容量级别，有不同的结构形式和冷却方式，所以应按不同原则进行分类。

(1)按容量分类：中小型变压器，大型变压器，特大型变压器。

(2)按用途分类：电力变压器，主要用于升压、降压、配电等；专用变压器，包括电流互感器、整流变压器、矿用变压器、音频变压器等。

(3)按相数分类：单相变压器和三相变压器。

(4) 按铁芯结构分类：芯式变压器、壳式变压器。

(5) 按冷却方式分类：干式变压器、油浸变压器和充气式变压器等。

3.3.2 变压器的基本原理

1) 变压器空载运行

将变压器的一次绕组接交流电源，二次绕组开路，称为变压器空载运行，见图 3-11。

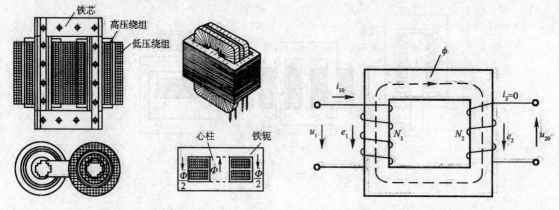

图 3-10 变压器结构　　　　图 3-11 变压器空载运行

在一次绕组上加交流电压 u_1，流过的电流为 i_{10}，二次绕组开路，则 $i_2=0$，二次绕组的开路电压为 u_{20}。主磁通 Φ 通过闭合铁芯，在一、二次绕组中分别感应出电动势 e_1 和 e_2。e_1 和 e_2 的有效值 E_1、E_2 分别为：

$$E_1 = 4.44 f \Phi_m N_1$$
$$E_2 = 4.44 f \Phi_m N_2 \tag{3-14}$$

式中：f——交流电源的频率；

Φ_m——铁芯中主磁通的最大值；

N_1、N_2——分别为一、二次绕组的匝数。

如果不考虑绕组上的电阻，也忽略漏磁通的影响，变压器在空载时的电压变换关系为：

$$U_1 \approx E_1$$
$$U_{20} \approx E_2$$
$$\frac{U_1}{U_{20}} = \frac{E_1}{E_2} = \frac{N_1}{N_2} = K \tag{3-15}$$

其中 K 称为变压器的变比。

当 $K>1$ 时，称为降压变压器；

当 $K<1$ 时，称为升压变压器；

当 $K=1$ 时，称为隔离变压器。

2) 变压器的有载运行

将变压器的一次绕组接在交流电源上，二次绕组接上负载运行，称为变压器的有载运行。变压器负载运行示意图如图 3-12 所示。

(1) 电流变换作用

从电磁的角度来看，i_2 产生的交变磁通势 $N_2 i_2$ 也要在铁芯中产生磁通，这个磁通力图改变原来铁芯中的主磁通。根据 $U_1 \approx E_1 = 4.4 f \Phi_m N_1$ 的关系式可以看出，在一次绕组的外加电压

U_1 及频率 f 不变的情况下,主磁通基本上保持不变。这表明,变压器有载运行时的磁通是由一次绕组磁通势 N_1i_1 和二次绕组磁通势 N_2i_2 共同作用下产生的合成磁通,它与变压器空载时的磁通势 N_1i_{10} 所产生的磁通相等,各磁通势的相量关系式为:

$$N_1i_1 + N_2i_2 = N_0i_0 \tag{3-16}$$

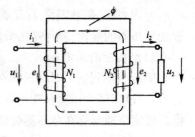

图 3-12 变压器的负载运行

这一关系式称为磁通势平衡方程。

由于空载电流很小,所以在额定情况下,N_1i_{10} 相对于 N_1i_1 或 N_2i_2 可以忽略不计,由式(3-16)可得:

$$N_1i_1 = -N_2i_2$$

则有效值的关系为:

$$\frac{I_1}{I_2} = \frac{N_2}{N_1} = \frac{1}{K} \tag{3-17}$$

上式说明,变压器一次、二次绕组的电流在数值上近似地与它们的匝数成反比。必须注意的是,变压器一次绕组电流 I_1 的大小是由二次绕组电流 I_2 的大小来决定的。

(2)电压变换作用

由于此时有:

$$u_1 \approx -e_1, u_2 \approx e_2$$

所以有效值的关系为:

$$\frac{U_1}{U_2} \approx \frac{E_1}{E_2} = \frac{N_1}{N_2} = K \tag{3-18}$$

(3)变压器的阻抗变换

在电子设备中,为了获得较大的功率输出,往往对负载的阻抗有一定要求。然而,负载阻抗是给定的,不能随便改变,故常采用变压器的阻抗变换来获得所需要的等效阻抗。变压器的这种作用称为阻抗变换,其电路原理如图 3-13 所示。

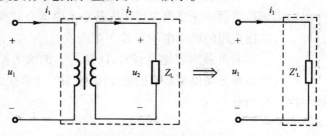

图 3-13 变压器阻抗变换原理

Z'_L 为负载阻抗 Z_L 在一次侧的等效阻抗。

负载阻抗 Z_L 的端电压为 U_2,流过的电流为 I_2,变压器的变比为 K,则:

$$|Z_L| = \frac{U_2}{I_2}$$

变压器一次绕组中的电压和电流分别为:

$$U_1 = KU_2 \qquad I_1 = \frac{I_2}{K}$$

从变压器输入端看,等效的输入阻抗 Z'_L 为:

$$|Z'_L| = \frac{U_1}{I_1} = K^2 \frac{U_2}{I_2} = K^2 |Z'_L| \tag{3-19}$$

上式表明,负载阻抗 Z_L 反映到电源侧的输入等效阻抗 Z'_L,其值扩大了 K^2 倍。因此,只需改变变压器的变比,就可把负载阻抗变换为所需数值。

3) 变压器的额定值

额定值是制造厂对变压器在指定工作条件下运行时所规定的一些量值。在额定状态下运行时,可以保证变压器长期可靠地工作,并具有优良的性能。额定值亦是产品设计和试验的依据。额定值通常标在变压器的铭牌上,亦称为铭牌值,变压器的额定值主要有:

(1) 额定电流(I_{1N}、I_{2N})。额定电流是指变压器连续运行时,绕组允许通过的电流,以安(A)表示。一次和二次额定电流分别为 I_{1N} 和 I_{2N}。对三相变压器,额定电流指线电流。

(2) 额定电压(U_{1N}、U_{2N})。一次额定电压 U_{1N} 是指一次绕组的正常工作电压。二次额定电压 U_{2N} 是指变压器空载且一次绕组加额定电压 U_{1N} 时,二次绕组的两端端电压。额定电压用伏(V)或千伏(kV)表示。对三相变压器,额定电压指线电压。

(3) 额定容量 S_N。在额定状态下变压器输出的视在功率,称为额定容量。额定容量用伏安(VA)或千伏安(kVA)表示。对三相变压器,额定容量系指三相容量之和。

(4) 额定频率 f_N。我国的标准工频为 50 赫兹(Hz)。

此外,额定工作状态下变压器的效率、温升等数据亦属于额定值。

4) 变压器的外特性曲线

当电源电压 U_1 和负载功率因数 $\cos\varphi_2$ 一定时,变压器二次绕组的输出电压 U_2 和负载电流 I_2 之间的关系,称为变压器的外特性,如图 3-14 所示。

(1) 当变压器空载时($I_2=0$),二次绕组的电压值 U_{20} 基本保持不变,即 $U_2=U_{20}$。

(2) 由于变压器的绕组存在漏磁通,因此,当 I_2 随负载变化时($I_2\neq 0$),U_2 会出现波动,与负载的功率因数有关。

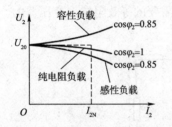

图 3-14 变压器的外特性曲线

若负载为纯电阻负载时,U_2 随 I_2 的增大有所降低。

若负载为感性负载时,随着 U_2 的增大而很快减小,这是由于感性负载的无功电流对变压器的主磁通有较强的去磁作用,造成二次绕组的感应电动势 E_2 下降所致。

若负载为容性负载时,U_2 随着 I_2 的增大而增大,这是由于容性负载无功电流具有助磁作用,造成二次绕组的感应电动势 E_2 增加所致。

5) 变压器的电压调整率

对于负载而言,变压器相当于电源,其输出电压越稳定越好。事实上,当负载波动时,变压器二次绕组的输出电压也会波动,其变化程度由电压调整率来描述。电压调整率是指变压器由空载达到额定负载运行时,输出电压的相对变化率 ΔU,即:

$$\Delta U = \frac{U_{20}-U_2}{U_{20}}\times 100\% \qquad (3-20)$$

式中:U_{20}——变压器空载时二次绕组的额定电压;

U_2——变压器额定负载运行时二次绕组的输出电压。

变压器的电压调整率较小,在规定的功率因数条件下,电压调整率一般不超过 5%。

单元小结

(1) 变压器是利用电磁感应原理制成的重要电气设备。它主要由铁芯和绕组构成,具有电压变换、电流变换和阻抗变换的作用。

电压变换:在空载运行时,一次、二次电压之间有如下的关系:

$$\frac{U_1}{U_2} = \frac{N_1}{N_2} = K$$

电流变换:在负载运行时,一次、二次侧电流之间有如下的关系:

$$\frac{I_1}{I_2} = \frac{N_2}{N_1} = \frac{1}{K}$$

阻抗变换:在二次侧接有负载 Z_L,对电源来讲,相当接入一个 Z'_L 的等效阻抗,即:

$$Z'_L = K^2 Z_L$$

(2)为了正确选择和使用变压器,必须了解和掌握其额定值(型号、容量、电压、电流、温升),并了解变压器的外特性和电压调整率的意义和作用。变压器的外特性 $U_2 = f(I_2)$ 和电压调整率 ΔU 是评价供电质量的重要指标。变压器的外特性与负载功率因数有关。电压调整率 ΔU 为:

$$\Delta U = \frac{U_{20} - U_2}{U_{20}} \times 100\%$$

(3)变压器的损耗包括铜损和铁损,铁损包括磁滞损耗和涡流损耗。

思考与练习

(1)已知某单相变压器接在220V单相电源上空载运行,它空载时二次电压为20V,如果它的副绕组为100匝,求原绕组的匝数。

(2)单相变压器的初级电压 $U_1 = 6\,000 \text{kV}$,次级电流 $I_2 = 100 \text{A}$,其变比 $K = 15$,求次级电压和初级电流各为多少?

(3)某台供白炽灯照明的变压器,副绕组的端电压 $U_2 = 220 \text{V}$,电流 $I_2 = 26.5 \text{A}$,输入原绕组的功率为6kVA,求这变压器的效率。

(4)一个效率80%,电压为380/36V的变压器,它的输入功率为125VA,问能否向3个36V、40W的车床照明灯供电?为什么?

(5)已知变压器匝数 $N_1 = 990$ 匝,原边电压 $U_1 = 220 \text{V}$,当副边接入一电阻性负载,测得流过负载的电流 $I_2 = 1 \text{A}$,消耗的功率 $P_2 = 10 \text{W}$,求该变压器副绕组的匝数和负载电阻的阻值。

(6)一台单相变压器的额定容量为2kVA,额定电压为220/36V,求:
①原边和副边的额定电流;
②当原边加额定电压后,是否在任何负载下原绕组中的电流都是额定值?
③如果副边接36 V、100W的白炽灯15盏,求此时的原边电流。若只接2盏,原边的电流又为多少?

(7)阻抗为8Ω的扬声器,通过一台变压器接到晶体管放大电路的输出端。已知阻抗完全匹配,且变压器原绕组为500匝,副绕组为100匝,求变压器原边电路的阻抗值为多少?

拓展学习

拓展4 特殊变压器

1)自耦变压器

自耦变压器的特点是一次侧与二次侧共用一个绕组,一次侧、二次侧既有磁的联系又有电的联系。由自耦变压器构成的调压器,其二次侧绕组匝数可以通过滑动触头任意改变,见图 3-15。因此,在次侧的电压可以平滑调节。使用自耦变压器时应注意以下几点:

(1) 不要把输入、输出端搞错,即不能将电源接在输出端的滑动触头侧,若错接,调压器将被烧坏。

(2) 电源的输入端一般有三个接头,若错接就会把变压器烧坏。如图 3-15b) 所示,它可用于 220V 和 110V。

(3) 接通电源前,应将滑动触头旋至零位,然后接通电源,逐渐转动手柄,至所需的数值。

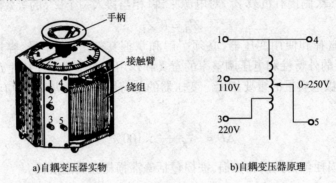

a) 自耦变压器实物　　　　b) 自耦变压器原理

图 3-15　自耦变压器原理

2) 仪用互感器

在电工测量中经常要测量高电压或大电流,为了保证测量者的安全及按标准规格生产测量仪表,必须将待测电压或电流按一定比例降低,以便于测量,用于测量的变压器称为仪用互感器,按用途可分为电压互感器和电流互感器。

(1) 电压互感器

电压互感器的原绕组并联在被测的高压电路上,副绕组和电压表相连,如图 3-16 所示。

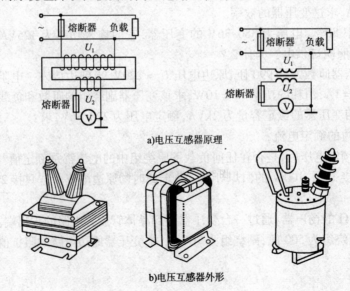

a) 电压互感器原理

b) 电压互感器外形

图 3-16　电压互感器原理

其工作原理为:

$$\frac{U_1}{U_2} = \frac{N_1}{N_2}$$

被测电压：
$$U_1 = \left(\frac{N_1}{N_2}\right)U_2 = k_U U_2 \tag{3-21}$$

式中：k_U——电压互感器的电压比（变化率），测量时，只要再将电压表的读数乘以倍率 k_U，就是被测电压 U_1 的值。

为了降低电压的需要，通常规定电压互感器副绕组的额定电压设计成标准值，由于电压互感器的副边电流很大，因此副绕组不允许短路。

（2）电流互感器

电流互感器的原绕组串联在待测电路中，副绕组和电流表相连接，如图 3-17 所示。

工作原理如图 3-17a）所示。
$$\frac{I_1}{I_2} = \frac{N_1}{N_2} = \frac{1}{K}$$

被测电流：
$$I_1 = \frac{I_2}{K} \tag{3-22}$$

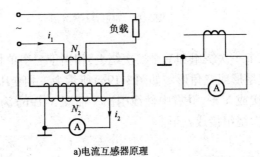

a) 电流互感器原理

b) 电流互感器外形

图 3-17　电流互感器原理

通常规定电流互感器二次绕组的额定电流设计成标准 5A。由于电流互感器的原绕组匝数较少，而副绕组匝数较多，这将在副绕组中产生很高的感应电动势，因此电流互感器的副边不允许开路。

（3）钳形电流表

钳形电流表简称钳形表，是一种便携式交流电流表，使用方便，应用广泛。和普通电流表相比，钳形电流表测量交流电流不用断开被测线路，只要将钳口张开，把被测导线放入钳口窗内，即可显示被测电流的大小。这种仪表测量精度不高，常用于对线路、设备的运行情况作粗略了解。

有些钳形电流表除了测量交流电流以外，还可以测量电压、电阻等。

钳形电流表由电流互感器和电磁式电流表组成,其外形与结构如图3-18所示。电流互感器的铁芯由硅钢片叠成,呈钳形,钳口可以开合,由手柄控制。铁芯上绕线圈,相当于电流互感器的二次线圈,线圈两端连着电流表。钳形电流表有几挡量程,量程的选择由量程选择旋钮控制。使用时,握紧手柄,钳口张开,将被测载流导线放入钳口内。该导线相当于电流互感器的一次线圈。然后松开手柄,钳口闭合,互感器铁芯中的交变磁通在二次线圈中产生感应电流,与被测电流成正比,与二次线圈相连的电流表即可显示被测电流值。

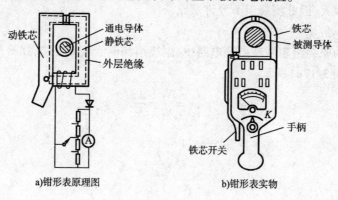

图 3-18　钳形表原理外形

3)三相变压器

三相变压器有三个一次绕组和三个二次绕组,相当于三个单相变压器。三相变压器的一、二次绕组都可以接成星形或三角形。如图3-19a)所示为三相变压器的 $Y\text{-}Y_0$ 连接,一次绕组接成 Y 形,二次绕组也接成 Y 形,并有中性线引出。而图3-19b)为三相变压器的 Y-△ 连接,一次绕组接成 Y 形,二次绕组接成△形。

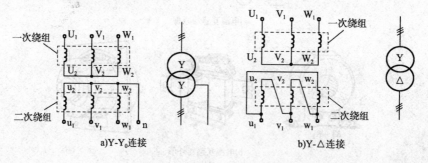

图 3-19　三相变压器的两种连接

4)电焊变压器

电弧焊接是在焊条与焊条之间燃起电弧,用电弧的高温使金属熔化进行焊接。电焊变压器就是为了满足电弧焊接的需要而设计制造的特殊变压器。电焊机是应用电能加热金属,使其熔融从而实现焊接的一种加工设备。电焊机按焊接热源可分为电弧焊机和电阻焊机两类。前者是通过电弧产生的热量熔化工件结合处而实现焊接,后者是通过大电流使被焊工件的电阻与接触电阻发热,使工件接合处的温度达到焊接温度,并施加压力实现焊接。

电弧焊机有交流电焊机和直流电焊机两大类。交流电焊机应用较多,它实际上是一种特殊的变压器,又称电焊变压器。交流电焊机按结构形式可分为 BX1 系列、BX2 系列、BX3 系列。其中,BX1 系列交流电焊机应用较为广泛。图3-20 为 BX1330 型交流电焊机的原理外形,型号中的 380 表示额定焊接电流为 380A。交流电焊机的电源有 220V、380V 两种。

为了起弧较容易,电焊变压器的空载电压一般为 60~80V,当电弧起燃后,焊接电流通过电抗器产生电压降,调节电抗器上的旋柄可改变电抗的大小以控制焊接电流及焊接电压。持续维持电弧工作电压一般为 25~30V。

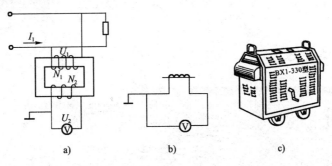

图 3-20　BX1330 型交流电焊机的原理及外形

单元 4
电 动 机

知识目标

了解直流电动机和三相异步电动机的结构、工作原理,掌握三相异步电动机的铭牌和参数,掌握三相异步电动机的启动、调速与制动方式。

电机是实现能量转换或信号转换的电磁装置。用作能量转换的电机称为动力电机,用作信号转换的电机称为控制电机。动力电机中,将机械能转换成电能的电机称为发电机,将电能转换成机械能的电机称为电动机。本单元我们只学习电动机。

电动机按所通电源的不同分成直流电动机和交流电动机两大类。

4.1 三相异步电动机

三相异步电动机属于交流电动机,其结构简单、制造容易、坚固耐用、维修方便,同时成本低廉、价格便宜,所以被广泛应用于各种生产设备中。

4.1.1 三相异步电动机的结构

三相异步电动机的外形如图 4-1 所示,内部结构如图 4-2 所示。它的两个主要部分是固定部分(定子)和旋转部分(转子)。

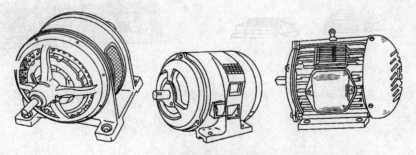

图 4-1 三相异步电动机的外形

1)定子

三相异步电动机的定子是由定子铁芯、定子绕组和机座三部分组成。

定子铁芯由硅钢片叠压而成,用于导磁,其内表面有槽,用于镶嵌定子绕组。定子绕组共有三组,其匝数相同且绕向一致,并按照120°的空间角排列,三组定子绕组连接三相电源,用于产生旋转磁场。机座一般由铸铁制成,起固定支撑、通风散热的作用。

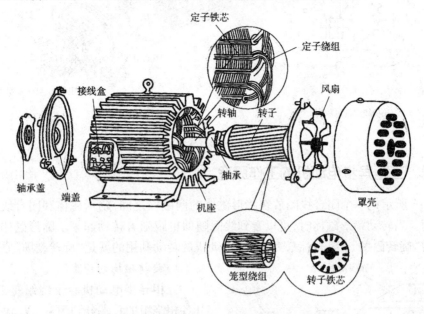

图4-2 三相异步电动机的组成

2) 转子

三相异步电动机的转子主要由转子铁芯、转子绕组和转轴等组成。

转子铁芯呈现圆柱形,固定在转轴上,它常由硅钢片叠压而成,用于导磁,其外表面有槽,用于镶嵌转子绕组。转子绕组用于产生感应电流,形成电磁转矩并拖动负载。

三相异步电动机的转子形式有两种,一种是鼠笼式转子(图4-3)。鼠笼式转子绕组是在转子铁芯的下线槽内放置铜条,两端用短路环连接,也可以用铸铝的方式制作,制作方法简单。另一种是绕线式转子(图4-4)。绕线式转子的槽内嵌有用绝缘导线组成的三相绕组,绕组的三个出线端接到设置在转轴上的三个集电环上,再通过电刷引出。

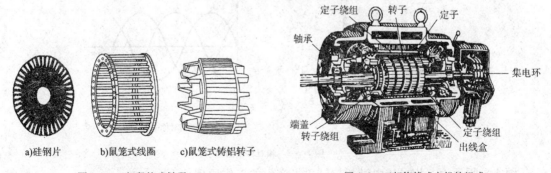

图4-3 三相鼠笼式转子　　　　　　　图4-4 三相绕线式电机的组成

与鼠笼式转子相比较,绕线式转子异步电动机的优点是可以通过集电环和电刷,在转子回路中串入外加电阻,如图4-5a)所示。这样可以改善电动机的启动性能并可通过改变外加电阻在一定范围内调节电动机的转速。但绕线式电动机比鼠笼式异步电动机结构复杂,价格较贵,运行的可靠性也较差。因此只在要求启动电流小、启动转矩大,或需要调速的场合下使用。

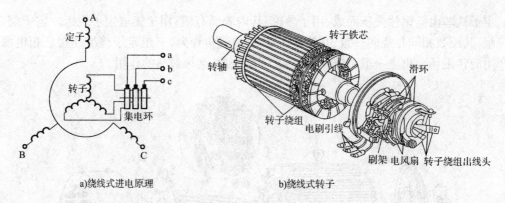

a) 绕线式进电原理　　　　　　　　b) 绕线式转子

图 4-5　三相绕线式电动机

4.1.2　三相异步电动机的工作原理

如图 4-6 所示把一个闭合线圈放在蹄形磁体的两磁极之间，蹄形磁体和闭合线圈都可以绕转轴转动。当转动蹄形磁体时，可以看到线圈随即也跟随着转动起来。蹄形磁体产生的磁场可以视为"旋转磁场"。实际上，三相异步电动机的转动利用的就是"旋转磁场"原理。

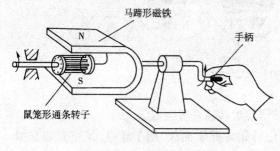

图 4-6　闭合线圈随蹄形磁体转动

1) 旋转磁场的产生

三相异步电动机定子绕组是三相绕组，其各相绕组的首端分别用 U_1、V_1、W_1 表示，末端分别用 U_2、V_2、W_2 表示，他们在空间互差 120°角，呈 Y 形（或 △ 形）连接，如图 4-7a) 所示。通入三相对称电流，假定电流的正方向由线圈的始端流向末端，如图 4-7b) 所示，流过三相的对称电流波形：

$$i_U = I_m \sin\omega t$$
$$i_V = I_m \sin(\omega t - 120°) \tag{4-1}$$
$$i_W = I_m \sin(\omega t + 120°)$$

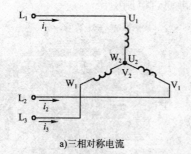
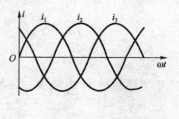

a) 三相对称电流　　　　　　b) 三相对称电流波形

图 4-7　三相对称电流

图 4-8 所示为三相异步电动机旋转磁场产生的工作原理。

当 $\omega t = 0$ 时，$i_1 = 0$，第一相绕组（U_1、U_2 绕组）无电流；i_2 为负值，第二相绕组（V_1、V_2 绕组）电流从 V_2 流进，从 V_1 流出，与规定的电流参考方向相反；i_3 为正值，第三相绕组（W_1、W_2 绕组）电流从 W_1 流进，从 W_2 流出。画出此时的合成磁场，如图 4-8a) 所示。可以看出，合成磁场的方向和一对磁极产生的磁场一样，相当于 N 极在上、S 极在下的两极磁场，合成磁场的方向是左边进而右边出。

当$\omega t=120°$时,i_1为正值,电流从U_1流进,从U_2流出;$i_2=0$;i_3为负值,电流从W_2流进,从W_1流出。用同样的方法可画出此时的合成磁场,如图4-8b)所示。可以看出,合成磁场的方向按顺时针方向旋转了120°。

当$\omega t=240°$时,i_1为负值,i_2为正值,$i_3=0$。此时合成磁场又顺时针方向旋转了120°,如图4-8c)所示。

当$\omega t=360°$时,$i_1=0$,i_2为负值,i_3为正值。其合成磁场又顺时针方向旋转了120°,如图4-8d)所示。此时电流流向与$\omega t=0°$时一样,合成磁场与$\omega t=0°$相比,共转了360°。

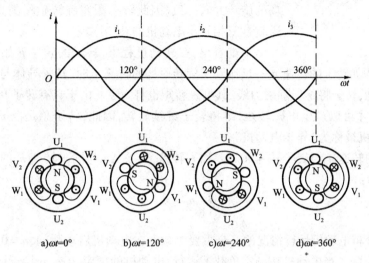

图4-8 三相旋转磁场

由此可见,随着定子绕组中三相电流的不断变化,它所产生的合成磁场也不断地向一个方向旋转。当正弦交流电变化一周时,合成磁场在空间也正好旋转一周。

上述电动机的定子每相只有一个线圈,所得到的是两极旋转磁场,相当于一对N、S磁极在旋转。如果想得到四极旋转磁场,可以把线圈的数目增加1倍,也就是每相有两个线圈串联组成,这两个线圈在空间相隔180°,这样定子各线圈在空间相隔60°。当这6个线圈通以三相交流电时,就可以产生具有两对磁极的旋转磁场。

具有p对磁极时,旋转磁场的转速为:

$$n_0 = \frac{60f_1}{p} \quad (4-2)$$

式中:n_0——旋转磁场的转速(又称同步转速),r/min;

f_1——定子的电流频率,即电源频率,Hz;

p——旋转磁场的磁极对数。

2)感应电流的产生

当三相异步电动机定子的三相绕组接入三相对称交流电源时就会产生旋转磁场,旋转磁场在定子、转子之间的气隙里以同步转速旋转,这时旋转磁场与转子间有相对转动,转子导体受到旋转磁场磁感应线的切割,根据电磁感应定律,那么转子导体中会产生感应电流,如图4-9所示。

根据右手定则,可以判断出导体中感应电动势的方向。因为三相异步电动机转子绕组自行闭合已构成回路,那么在转子导体回路中就将产生感应电流。

3) 电磁转矩的产生

由于电流导体在磁场中会受到电磁力的作用,用左手定则可以判断出转子导体中感应电流所受电磁力的方向。

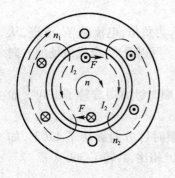

图4-9 三相异步电动机的磁场与电磁力

转子上半部导体的感应电流的方向是穿出纸面的⊙,下半部导体的感应电流的方向是进入纸面的⊗,于是转子在磁场中要受到磁场力的作用。根据左手定则可以判定,转子上半部分导体所受磁场力方向向右,下半部分导体所受磁场力方向向左。这两个力对于转轴形成电磁转矩,电磁转矩方向与旋转磁场的旋转方向一致,因此转子顺着旋转磁场的方向旋转起来。这就是三相异步电动机的转动原理。

不难看出,在转动过程中,转子的转速 n 始终低于旋转磁场的转速 n_0。假如转子的转速 n 一旦达到了旋转磁场的转速 n_0 时,转子导体与旋转磁场之间就没有相对运动,转子将不切割磁力线,其电磁转矩也将为零。由于只有转子和旋转磁场之间有了相对运动,才可以产生电磁转矩,维持转子继续旋转,因此,转子总是以 $n < n_0$ 的转速转动,故这种电动机被称为"异步电动机"。

旋转磁场的转速 n_0 与转子转速 n 之差称为转差,转差 Δn 与同步转速 n_0 的比值称为转差率,用 s 表示,即:

$$s = \frac{n_0 - n}{n_0} \tag{4-3}$$

转差率是分析电动机运行情况的一个重要参数。在电动机启动瞬间,$n=0$、$s=1$。随着 n 的上升,s 不断下降。当电动机在额定负载下运行,电动机的额定转速 n_N 接近同步转速 n_0,此时的额定转差率很小,一般为 1%~8%。

将 $n_0 = \frac{60f}{p}$ 代入 $s = \frac{n_0 - n}{n_0}$,得:

$$n = (1-s)n_0 = (1-s)\frac{60f}{p} \tag{4-4}$$

式中:f——电源频率;
p——旋转磁场磁极对数;
n_0——旋转磁场的转速;
n——转子的转速;
s——转差率。

国产三相异步电动机定子电流频率都为工频50Hz,同步转速 n 与磁极对数 p 之间的关系如表4-1所示。

同步转速 n 与磁极对数 p 之间的关系　　　　表4-1

磁极对数 p	1	2	3	4	5
同步转速 n(r/min)	3 000	1 500	1 000	750	600

通过以上分析可知,异步电动机的转动方向与旋转磁场的转动方向是一致的,如果旋转磁场的方向变了,转子的转动方向也要随着改变,而旋转磁场的旋转方向又由三相电源的相序决定。因此,要改变电动机的转动方向,只需改变三相电源的相序,把接到定子绕组首端上的任意两根电源线对调即可。

4.1.3 三相异步电动机的电磁转矩和机械特性

电动机转动是由于电磁转矩驱动转子转动的结果,电磁转矩决定了电动机拖动生产机的能力。

由上面转动原理分析可知,异步电动机转子导体中的电流,在旋转磁场磁通的作用下产生电磁力,电磁力对转轴形成电磁转矩 T_0,因此,电磁转矩的大小与电磁力的大小直接相关。而电磁力的大小与转子电流 I_2、转子电路的功率因数 $\cos\varphi_2$、旋转磁场每相磁通 Φ 成正比,故异步电动机的电磁转矩为:

$$T = k_T \Phi I_2 \cos\varphi \tag{4-5}$$

式中: k_T——取决于电动机结构的常数。

在磁通 Φ 值保持不变的条件下(只要电源电压保持不变),电磁转矩仅与 $I_2 \cos\varphi$ 成正比。

1) 转矩特性

异步电动机的转矩特性是指在电源电压为定值时,电动机的电磁转矩 T 与转差率 s 之间的关系,其关系可用 $T=f(s)$ 转矩特性曲线来表示,如图4-10a)所示。从曲线可以看出,s 在0与1之间。当电动机接通电源,转子尚未转动的瞬间,$s=1$,其对应的转矩 T 称为启动转矩 T_{st}。如果启动转矩大于负载转矩,则电动机转子将升速,转差率 s 随之减小。当 $s=s_m$ 时,电动机可产生一个最大转矩 T_m。当 s 继续减小,直到 $T=T_N$ 时,电动机匀速运行。据分析可知,电磁转矩与定子绕组电压的平方成正比,故电源电压的波动对电动机转矩影响较大。电源电压的降低,可能造成电动机不能正常启动和正常运转,甚至可能烧毁绕组。故大型异步电动机设有欠电压保护,防止电源电压过低而造成不良影响。

2) 机械特性

当负载变动时,电动机的电磁转矩与转速之间有一定的关系,这一关系即为电动机的机械特性。机械特性是指在电源电压不变的情况下,转速 n 与电磁转矩 T 之间的变化关系,即 $n=f(T)$ 曲线,如图4-10b)所示。

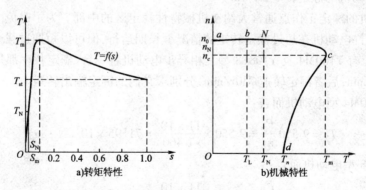

图4-10 三相旋转磁场转矩特性和机械特性

为了正确使用异步电动机,应注意 $n=f(T)$ 曲线上的两个区域和三个重要转矩。

(1) 稳定区和不稳定区

以最大转矩 T_m 为界,机械特性分为稳定运行区(ac 段)和不稳定区(cd 段)。

当电动机工作在稳定区上某一点(如 b 点)时,电磁转矩 T 与轴上的负载转矩 T_L 相平衡而保持匀速转动。如果负载转矩 T_L 变化,电磁转矩 T 将自动适应随之变化达到新的平衡而稳定运行。

如由于某种原因引起负载转矩突然增加(如切削机床的进刀量加大),则在该瞬间$T<T_L$,于是转速下降,工作点将沿机械特性曲线下移,电磁转矩自动增大,直到增大到$T=T_L$时,n不再降低,电动机便在较低的转速下达到新的平衡。其过程可表示为:

$$T_L\uparrow(T<T_L)\to n\downarrow\to T\uparrow\to T=T_L$$

反之,若负载转矩由于某种原因突然减小,将有如下过程:

$$T_L\downarrow(T>T_L)\to n\uparrow\to T\downarrow\to T=T_L$$

电动机将在较高的转速下稳定运行。

可见,无论负载怎样变化,在T_L不超过T_m的情况下,电动机轴上输出转矩必定随负载而变化,最后达到转矩平衡并稳定运行。这说明电动机具有适应负载变化的能力。

异步电动机机械特性的稳定区比较平坦,当负载在空载与额定值之间变化时,转速变化不大,一般为2%~8%。这样的机械特性称为硬特性,这种硬特性很适合用于金属切削机等工作机械的需要。

如果电动机工作在不稳定区,则电磁转矩不能自动适应负载转矩的变化,因而不能稳定运行。例如负载转矩T_L增加使转速n降低时,工作点将沿特性曲线下移,电磁转矩反而减少,会使电动机的转速越来越低,直到停转(堵转)。当负载转矩T_L减小时,电动机转速又会越来越高,直到进入稳定区运行。

(2)三个重要转矩

额定转矩T_N:额定转矩是电动机在额定电压下,以额定转速运行,输出额定功率时,其轴上输出的转矩。额定转矩T_N的计算公式为:

$$T_N=9\,550\frac{P_N}{n_N} \tag{4-6}$$

式中:P_N——电动机的额定功率,kW;

n_N——电动机的额定转速,r/min;

T_N——电动机的额定转矩,N·m。

异步电动机的额定工作点通常大约在机械特性稳定区的中部。为了避免电动机出现过热现象,一般不允许电动机在超过额定转矩的情况下长期运行,但可以短期过载运行。

[例4-1] 有Y160M4及Y108L8型三相异步电动机各一台,额定频率都是11kW,前者额定转速1 460r/min,后者额定转速730r/min,分别求它们的额定输出转矩。

解:对Y160M4型电动机而言:

$$T_N=9\,550\frac{P_N}{n_N}=9\,550\times\frac{11\times10^3}{1\,460}=71.95\times10^3(\mathrm{N\cdot m})$$

对Y108L-8型电动机而言:

$$T_N=9\,550\frac{P_N}{n_N}=9\,550\times\frac{11\times10^3}{730}=143.9\times10^3(\mathrm{N\cdot m})$$

由此可见,输出功率相同的异步电动机如极数多,则转速就低,输出转矩就大;极数少,则转速就高,输出转矩就小。在选用电动机时必须了解这一点。

最大转矩T_m:最大转矩T_m是电动机能够提供的极限转矩。由于它是机械特性上稳定区和不稳定区的分界点,故电动机运行中的机械负载不可超过最大转矩,否则电动机的转速将越来越低,迅速导致堵转。异步电动机堵转时,电流一般达到额定电流的4~7倍,这样大的电流如果长时间通过定子绕组,会使电动机过热,甚至烧毁。因此,异步电动机在运转中应注意避免出现堵转,一旦出现堵转应立即切断电源,并卸掉过重的负载。

为了描述电动机允许的瞬时过载能力,通常用最大转矩与额定转矩的比值 T_m/T_N 来表示,称为过载能力 λ_m,即:

$$\lambda_m = \frac{T_m}{T_N} \tag{4-7}$$

一般三相异步电动机的过载能力为 1.8~2.2。

启动转矩 T_{st}:电动机在接通电源被启动的最初瞬间,$n=0$,$s=1$,这时的转矩称为启动转矩(亦即堵转转矩)T_{st}。如果启动转矩小于负载转矩,即 $T_{st} < T_L$,则电动机不能启动。这时与堵转情况一样,电动机的电流达到 $(4~7)I_N$,容易过热。因此,当发现电动机不能启动时,应立即断开电源停止启动,在减轻负载或排除故障以后再重新启动。

如果启动转矩大于负载转矩,即 $T_{st} > T_L$,则电动机的工作点会沿着 $n=f(T)$ 曲线从底部上升,电磁转矩 T 逐渐增大,转速 n 越来越高,很快越过最大转矩 T_m,然后随着 n 的升高,电磁转矩 T 又逐渐减小,直到 $T=T_L$ 时,电动机就以某一转速稳定运行。此时,定子电流值由负载转矩 T_L 决定。由此可见,只要异步电动机的启动转矩大于负载转矩,一经启动,便迅速进入机械特性的稳定区运行。

异步电动机的启动能力通常用启动转矩与额定转矩的比值 T_{st}/T_N 称启动系数,用 λ_{st} 来表示,称为启动能力。一般三相异步电动机的启动能力不大,λ_{st} 为 1.0~2.2。

$$\lambda_{st} = \frac{T_{st}}{T_N} \tag{4-8}$$

[例 4-2] 有一台三相鼠笼式异步电动机,额定转速为 1 470r/min,$T_N = 194.9$ N·m,$\lambda_{st} = 1.2$,$\lambda_m = 2$,求:额定转矩 T_{st}、最大转矩 T_m 及额定输入功率 P_N。

解:电动机的启动转矩为:

$$T_{st} = 1.2 T_N = 1.2 \times 194.9 = 233.9 (\text{N·m})$$

最大转矩为:

$$T_m = 2 T_N = 2 \times 194.9 = 389.8 (\text{N·m})$$

由公式 $T_N = 9\,550 \frac{P_N}{n_N}$,得额定输入功率为:

$$P_N = \frac{T_N n_N}{9\,550} = \frac{194.9 \times 1\,470}{9\,550} = 30 (\text{W})$$

4.1.4 三相异步电动机的铭牌与参数

铭牌是电动机使用和维修的依据。必须按铭牌上所写额定值和要求去使用和维修。通常电动机铭牌上要标出电动机型号、额定功率、额定电压、额定电流、额定频率、额定效率、额定转速、额定功率因素、转子电压、转子电流、绝缘等级、温升等。表 4-2 为某三相异步电动机铭牌。

三相异步电动机铭牌　　　　　表 4-2

型　号	Y112M4	功　率	4kW	频　率	50Hz
电　压	380V	电　流	8.6A	接　法	△
转　速	1 440/min	功率因数	0.85	工作方式	连续
绝缘等级	E	质　量	59kg	温　升	60℃
出厂编号		出厂日期			
					××电机厂

(1) 型号：如 Y112M4，Y 异步，112 表示机座中心高 112mm，M 机座长度（S-短机座，M-中机座，L-长机座），4 表示磁极数。

(2) 额定功率 P_N：额定功率是指电动机在铭牌规定条件下正常工作时电动机转轴上的额定输出机械功率，通常用 P_N 表示。

(3) 效率：电动机从电源取用的电功率称为输入功率 P_{N1}。

$$P_{N1} = \sqrt{3} U_N I_N \cos\varphi \tag{4-9}$$

式中：$\cos\varphi$——定子的功率因数。

用 P_N 与 P_{N1} 之比为电动机的效率，用 η 表示，即：

$$\eta = \frac{P_N}{P_{N1}} \tag{4-10}$$

[例 4-3] Y112M4 型电动机的参数如表 4-2 铭牌数据所列，求此电动机的效率。

解：$P_{N1} = \sqrt{3} U_N I_N \cos\varphi = \sqrt{3} \times 380 \times 8.6 \times 0.85 = 4.8(kW)$

$P_N = 4kW$

$\eta = \dfrac{P_N}{P_{N1}} = \dfrac{4}{4.8} = 83\%$

(4) 额定电压：是电动机在额定状态下运行时加到定子绕组上的线电压。

(5) 额定电流：额定电流是指在额定电压下，轴上输出额定功率时定子绕组的线电流。

(6) 额定转速 n_N：电动机在额定状态下运行时转子的速度。

(7) 额定频率：工频为 50Hz，额定频率是指加在电动机定子绕组上的电源频率。

(8) 功率因数 $\cos\varphi$：电动机输出额定功率时，定子绕组相电压与相电流之间相位差的余弦。三相电动机的功率因数比较低，在额定负载时为 0.7～0.9，而在轻载或空载时更低，空载时为 0.2～0.3。因此，必须正确选择电动机的容量，防止"大马拉小车"，并尽量避免在轻载或空载的情况下运行。

(9) 电动机三相绕组接法：电动机三相绕组六个接线端的连接方法有星形（Y）和三角形（△）两种。

(10) 温升：电动机运行中，部分电能转换成热能，使电动机温度升高，经过一定时间，电能转换的机械能所散发的热能平衡，机身温度达到稳定。在稳定状态下，电动机绕组在工作时平均温度与环境温度之差，规定为电动机温升。而环境温度规定为 40℃，如果温升为 60℃，表明电动机温升（用电阻法测量）不能超过 100℃。

(11) 绝缘等级：电动机绕组所用绝缘材料按它的允许耐热程度规定的等级，决定电动机工作时允许的最高温度（表 4-3）。

绝缘材料的耐热等级和极限温度　　　　表 4-3

耐热等级	Y	A	E	B	F	H	C
极限温度（℃）	90	105	120	130	155	180	>180

(12) 工作方式：电动机的工作方式分为连续工作方式、短时工作方式和断续工作方式三种。

4.1.5 电动机种类的选择与使用

1) 电动机的种类选择

三相异步电动机应用最广泛。电动机的选择为了保证生产过程的顺利进行，并获得良好的经济技术指标,应根据生产机械的需要和工作条件,合理地选用电动机的种类、结构形式、电压、转速和功率。选择电动机的原则是可靠、经济与安全。

三相鼠笼式异步电动机具有构造简单、价格便宜、运行可靠、硬机械特性、具有一定过载能力、控制及维护方便等优点。因此,凡额定功率小于100kW,而且不要求调速的生产设备中,如水泵、风机、运输机、压缩机、金属切削机床等设备,都广泛使用三相鼠笼式异步电动机。

(1)结构形式的选择

生产机械的种类繁多,它们的工作环境也各不相同。如果电动机在潮湿或含有酸性气体的环境中工作,则绕组的绝缘很快受到侵蚀;如果在灰尘很多的环境中工作,则电动机很易脏污,致使散热条件恶化。因此,电动机外形结构的选择,一方面要保证安全可靠工作,另一方面要考虑经济节约。

(2)电压和转速的选择

电动机电压等级的选择,要根据电动机类型、功率以及使用地点的电源电压来决定。功率小于100kW的Y系列鼠笼式电动机的额定电压只有380V一个等级,只有功率大于100kW,才可在允许的条件下选用3kV、6kV或10kV的高压电动机。三相异步电动机同步转速有3 000r/min、1 500r/min、1 000r/min、750r/min、600r/min等,功率相同的电动机,同步转速越高,极对数越少,体积就越小,价格也越便宜。因转速高的电动机具有较高的经济指标,一般选用1 500 r/min较多,即四极异步电动机。若生产机械要求低速,选用低速电动机可直接传动,省去减速装置,简化传动设备,降低总设备投资,仍是适宜的。

(3)功率(容量)的选择

选择电动机,首先要考虑的是电动机功率(容量)的选择。合理选择电动机的功率有重大的经济意义。功率的选择,应注意到使电动机的功率能得到充分利用,并能降低投资。如果电动机的功率选大了,虽然能保证正常运行,但不经济。因为这不仅使设备投资增加,电动机未被充分利用,而且由于电动机经常不是在满载下运行,它的效率和功率因数都不高。如果电动机的功率选小了,就不能保证电动机和生产机械正常运行,并使电动机由于过载而过早损坏。因此,电动机的功率应等于或略大于负载功率,才能获得较高的经济效益。正确选择电动机功率除应满足生产机械的转矩及转速的要求外,还必须符合下列三点选择准则:

①电动机工作时,其发热应接近许可的温升,但不得超过。
②电动机必须具有一定的过载能力,以保证短时过载时能正常运行。
③电动机应具有生产机械所需要的启动转矩。

2)电动机的维护与使用

做好电动机的维护工作,对保证电动机的正常运行具有重要意义。平时应注意使电动机保持清洁。电动机上的污垢要用干布擦净,内外的灰尘可用压缩空气或手风箱来清除。电动机应放在通风干燥处,不要使它受潮。电动机在运行前要注意检查以下几点:

(1)电动机的紧固螺钉是否齐全,电动机的固定情况是否良好。
(2)电动机的传动机构运转是否灵活,工作是否可靠。
(3)绕线型异步电动机的电刷与滑环之间是否清洁,有无灼伤痕迹。
(4)电动机和电源引入线的接头处有无松散和灼伤现象。
(5)电动机金属外壳上的接地线是否牢固。
(6)检查电动机各绕组之间、绕组与机壳(大地)之间的绝缘电阻。低压电动机的绝缘电阻通常要求在0.5MΩ以上,若绝缘电阻达不到要求,应将电动机烘干再用。维护时测量绝电阻一般应该使用电压等级为500V的兆欧表。

(7)电动机运行中的监测。电动机在运行中,应注意它的各部分温度是否超过允许值,并无不正常的振动和噪声,有无绝缘漆被烧焦的气味。如发现有故障,应停止运行,及时检查修理。运行中的电动机也可通过对电流的测量,掌握其运行情况。交流电动机可以用钳形电流表测量,有的电动机则在控制屏上装有电流表。电流的大小可以反映电动机带负载的大小,电流超过了额定值则说明已经过载,三相电流严重不对称说明定子绕组可能有断路或局部短路故障。

4.1.6 三相异步电动机的启动、调速与制动

1)三相异步电动机的启动

电动机接通电源以后,转速由零增加到稳定转速的过程叫启动过程。根据加在定子绕组上电压的不同,可分为全压启动(直接启动)和降压启动。

(1)全压启动

如果加在电动机定子绕组的启动电压是电动机的额定电压,这样的启动就叫全压启动。

全压启动的缺点是在电动机刚接通电源的瞬间,旋转磁场已经产生,但是转子还未来得及转动。此刻磁场以同步转速作切割转子导体的运动,必然在转子导体中产生很强的电流。由于互感的作用,在定子绕组中产生很强的互感电流。通常全压启动时的启动电流可达电动机额定电流的4~7倍。

启动电流过大,供电线路上的压降也随之增大,使电动机两端的电压减小。这样不仅使电动机本身的启动转矩减小,还将使同一供电线路上的其他用电设备不能正常工作。启动电流过大,还会使电动机绕组散发出大量的热。当启动时间过长或频繁启动时,电动机散发出的热量会影响电动机的使用寿命。长期使用,会使电动机内部绝缘老化,甚至烧毁电动机。

在一般情况下,当电动机的容量小于10kW或其容量不超过电源变压器容量的15%~20%时,启动电流不会影响同一供电线路上其他用电设备的正常工作,可允许全压启动。

全压启动的优点是启动设备简单可靠,在条件允许时可采用全压启动。

(2)降压启动

大、中型电动机不允许全压启动,应采取降压启动。启动时降低加在定子绕组上的电压以减小启动电流,当启动过程结束后,再使电压恢复到额定值运行,这种启动方法叫降压启动。降压启动的方法很多,这里介绍Y-△换接降压启动和自耦变压器降压启动(图4-11)。

①Y-△(星形—三角形)换接降压启动

在同一个对称三相电源的作用下,对称三相负载作星形连接时的线电流是其接成三角形时线电流的1/3,对称三相负载接成星形时的相电压是其接成三角形时相电压的$1/\sqrt{3}$,这就是Y-△换接降压启动的原理。这种方法只适用于正常运行时定子绕组为三角形连接的电动机。Y-△换接启动的原理图如图4-11a)所示。

启动时先将开关Q_1闭合,然后将开关Q_2操作手柄投向"启动"位置,使定子绕组成星形,这样加在每相绕组上的电压为额定电压的$1/\sqrt{3}$实现了降压启动。启动过程结束,迅速将开关Q_2的操作手柄投向"运行"位置,使定子绕组连接成三角形,每相绕组上的电压为电动机正常工作时的额定电压,电动机正常运行。

Y-△换接降压启动的启动转矩较小,适用于空载或轻载启动。

②自耦变压器降压启动

自耦变压器降压启动是利用三相自耦变压器降低加在电动机定子绕组上的启动电压,从而完成启动过程,其原理图如图4-11b)所示。启动时,先将开关Q_2闭合,置于"启动"位置,线电压经自耦变压器降压后加到电动机定子绕组上,这时电动机在低于额定电压下运行,启动电流较小。当电动机转速上升到一程度时,将转换开关的手柄从"启动"位置迅速倒向"运行"位置,使自耦变压器脱离电源和电动机,电动机在电源电压(额定电压)下正常运行。

通常把启动用的自耦变压器叫做启动补偿器。一般功率在75kW以下的鼠笼式异步电动机比较广泛地应用自耦变压器降压启动。

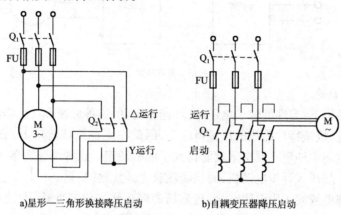

a)星形—三角形换接降压启动　　b)自耦变压器降压启动

图4-11　三相异步电动机的降压启动

2)三相异步电动机的调速

为了保证产品质量和提高生产效率,绝大多数生产机械(各种机床、轧钢机、造纸机、纺织机械等)要求在不同的情况下有不同的工作速度,即要求它们的速度能根据生产的需要而改变,这种改变速度的方法称为调速。

由式(4-4)可知,三相异步电动机的调速方法有三种:变极调速、变频调速和变转差率调速。

(1)变极调速

改变电动机定子磁极对数,是靠改变定子绕组接线而实现的。如图4-12所示是三相绕组的示意图。每相绕组可看成是由两个线圈组成。图4-12a)表示两个线圈顺向串联,对应的磁极对数$p=2$。若将两个线圈如图4-12b)所示连接,此时两个线圈并联,得到的磁极对数为$p=1$。由此可见,改变接法,电机的磁极对数会成倍地变化,同步转速也会成倍地变化,所以变极调速属于有级调速。

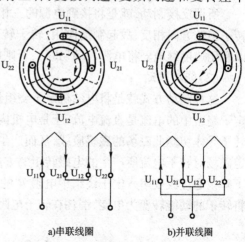

a)串联线圈　　b)并联线圈

图4-12　变极调速

一般三相异步电动机制造后,其磁极对数是不能随意改变的。可以改变磁极对数是专门设计和制造的,有双速或多速电动机的单独系列,但同样功率的电动机体积较大。

(2)变频调速

变频调速是指通过改变电源频率而实现的一种调速方式。

变频调速一般通过变频器实现,其工作原理如图 4-13 所示。首先将 50Hz 的交流电通过整流器转换成直流电,再通过逆变器将直流电变换为频率可调、电压可调的交流电,供异步电动机使用。

变频调速具有调速范围大、平滑地无级调速、稳定性好、运行效率高的特点,是异步电动机最有发展前途的调速方法。

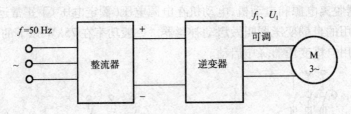

图 4-13 变频器原理

(3) 变转差率调速

在同一负载转矩下,当降低定子电压时,转速将降低,这种调速方法称为降低电压调速。

转子电阻改变,机械特性曲线的位置将改变,因此在同一负载转矩下,只要在绕线转子异步电动机的转子电路中外串不同电阻就能得到不同的转速。这种调速简单,设备投资不高,它的缺点是只适用于绕线式异步电动机,而且能耗较大,经济性较差。

当定子电压降低或转子串电阻时,旋转磁场的同步转速没有变化,而转速发生变化,由公式 $n = (1-s)n_0$ 可知转差率 s 变化了,故称为变转差率调速。

3) 三相异步电动机的制动

电动机的制动运行应用于系统停车过程,如果仅将电动机从电源断开,则停车较慢。若需使电动机尽快停车或由高速迅速转为低速运行,则需采用制动措施。电动机的制动通常有机械和电气两种方式,这里介绍电气制动。

(1) 反接制动

所谓反接制动,就是将接到电源的三相导线中的任意两根对调,这时定子旋转磁场方向与转子旋转方向相反,故起制动作用,转子转速迅速下降。在转速接近零时,需将电源切断(可以利用速度继电器将电源自动切断),否则电动机会自动反向启动。

(2) 能耗制动

这种制动方式就是将电动机定子绕组从三相交流电源上断开后,立即接通直流电源,这时定子绕组中的电流是直流电流,于是电机内的磁场变为恒定磁场。转子由于惯性而仍在旋转,转子导体切割此磁场的磁感应线,从而产生感应电动势和感应电流,这时由定子绕组产生的恒定磁场对转子电流所产生的电磁转矩的方向与转子转动方向相反,为一制动转矩,所以使转速下降。通过改变串入定子绕组中电阻 R 的值,调节定子直流电流用于控制制动转矩的大小。将转子的动能转变为电能,消耗在转子电阻上,所以称为能耗制动。

4.2 直流电动机

与交流电动机相比,直流电动机的结构较复杂,成本较高,可靠性较差,使它的应用受到一定的限制。尽管如此,但由于直流电动机有着良好的启动性和调速性能,使得直流电动机仍有一定的理论意义和实用价值。

4.2.1 直流电动机的基本结构

简单的直流电动机是由固定的定子和旋转的转子组成,定子与转子之间为气隙,如图4-14所示。

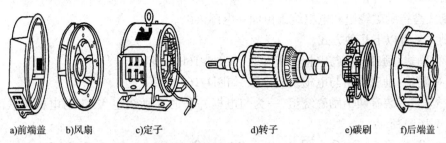

a)前端盖　b)风扇　c)定子　d)转子　e)碳刷　f)后端盖

图4-14　简单直流电机的结构图

1)定子

定子由主磁极、机座、电刷、端盖和轴承等组成。

(1)主磁极:建立主磁场,由主极铁芯和套装在铁芯上的励磁绕组构成。

(2)机座:既是电机的结构框架,又是电机磁路的一部分。一般用铸钢或铸铁制成。

(3)电刷装置:电枢绕组的引出端,由电刷、刷盒、刷杆和连线等构成。

2)转子

转子由电枢铁芯、电枢绕组和换向器等组成。

(1)电枢铁芯:既是主磁路的一部分,也是电枢绕组的支撑部件。一般用厚0.5mm且冲有齿、槽的硅钢片叠压夹紧而成。

(2)电枢绕组:直流电机的电路部分。用绝缘的圆形或矩形截面的导线绕成,上下层以及线圈与电枢铁芯之间要妥善地绝缘,并用槽楔压紧。

(3)换向器:是由许多楔形铜片排列成一个圆筒,片与片之间用V形云母绝缘,两端再用两个环夹紧而构成。

4.2.2 直流电动机的工作原理

在直流电动机中,外加电压是通过两个电刷A和B及换向器再加到电枢绕组上的。所以,导体中的电流将随其所处磁极极性的改变而同时改变其方向,从而使电枢所受到的电磁转矩的方向始终保持不变(图4-15),因此电枢能一直旋转下去。

电磁转矩常用公式:

$$T = K_T \Phi I_a \quad (4\text{-}11)$$

式中:K_T——与电机结构有关的常数;
　　Φ——一个磁极的磁通,Wb;
　　I_a——线圈中通过的电流,A;
　　T——电磁转矩,N·m。

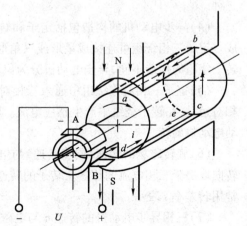

图4-15　直流电动机的工作原理

4.2.3 直流电动机的励磁方式

励磁绕组的供电方式称为励磁方式。直流电动机的性能与它的励磁方式有密切的关系。

按励磁方式,直流电机分为他励和自励两大类。

1)他励式

他励式是指励磁绕组与电枢绕组由不同的直流电源供电,两者不相连,如图4-16a)所示。

2)自励式

自励式是指励磁绕组和电枢绕组由同一电源供电。

自励式又有以下几种方式。

(1)并励式:励磁绕组与电枢绕组并联,如图4-16b)所示。

(2)串励式:励磁绕组与电枢绕组串联,如图4-16c)所示。

(3)复励式:装有两个励磁绕组,一为与电枢并联的并励绕组,二为与电枢串联的串励绕组,如图4-16d)所示。

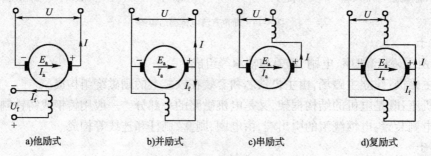

图 4-16 直流电机按励磁方式分类

单元小结

(1)直流电机由固定的定子和旋转的转子组成,定子由主磁极、电刷、机座、端盖和轴承等组成;转子由电枢铁芯、电枢绕组和换向器等组成。

(2)直流电动机以其良好的启动性和调速性能著称。

(3)直流电机的励磁方式分为他励和自励两类,自励又包括并励式、串励式和复励式三种。

(4)异步电动机的构造包括定子和转子两部分。定子由机座、定子铁芯和定子绕组等组成。定子三相绕组可连接成星形或三角形。转子由转子铁芯、转子绕组和转轴等组成。根据转子绕组的构造不同,异步电动机分为鼠笼式和绕线式转子两种。

(5)定子三相对称绕组中通入三相对称电流,便会产生旋转磁场。旋转磁场与转子产生相对运动,在转子绕组中产生感应电流。转子感应电流与旋转磁场相互作用产生电磁转矩,驱动电动机旋转。

(6)旋转磁场的转速(同步转速)与电源频率和磁极对数有关,即 $n_0=60f/p$。旋转磁场的转向取决于三相电流的相序。转子的转速(电动机的转速)n 通常略小于 n_0,两者相差的程度常用转差率 s 表示。

(7)三相异步电动机的转速 n 与电磁转矩 T 之间的关系 $n=f(T)$ 曲线称为机械特性曲线。机械特性曲线上四个特征:启动、临界、额定和理想空载点,曲线上近似直线段的硬特性是电动机的稳定运行区。T_m/T_N 反映了电动机的过载能力,T_{st}/T_N 反映了电动机的启动性能。

(8)电动机的铭牌数据标明电动机的额定值和主要技术数据,是电动机的运行依据。在使用电动机时必须遵守铭牌的规定。

(9)异步电动机有直接启动和降压启动两种启动方法。小容量的电动机采用直接启动的方法。而电动机容量较大时,常采用降压启动方式。

绕线转子异步电动机通过在转子电路中串接适当的附加电阻启动,这样既可限制启动电流,又可增大启动转矩。在要求重载启动的情况下,应使用绕线转子异步电动机。

(10)鼠笼式异步电动机的调速方法主要是变频调速和变极调速。绕线转子异步电动机,可以通过改变转子电路的附加电阻来达到变转差率调速的目的。

(11)电动机处于电气制动状态时,电磁转矩与电动机转动方向相反,常用的电气制动方法有反接制动、能耗制动等。

思考与练习

(1)已知一台异步电动机的额定功率 $P_N = 15\text{kW}$,额定转速 $n_N = 970\text{r/min}$,电源频率 $f = 50\text{Hz}$。求同步转速 n_0、额定转差率 s_N、额定转矩 T_N。

(2)有一台磁极对数为6的异步电动机,电源频率50Hz,额定转差率0.04。试求电动机额定运行时的转速。

(3)有一台异步电动机,额定转速 $n_N = 1\,440\text{r/min}$,转子电阻 $=0.04\Omega$,转子感抗 $X_{20} = 0.08\Omega$,转子电动势 $E_{20} = 20\text{V}$,电源频率 $f = 50\text{Hz}$。试求电动机在启动时及额定转速下的转子电流 I_2。

(4)已知一台三相异步电动机的额定功率 $P_N = 30\text{kW}$,额定转速 $n_N = 1\,470\text{r/min}$,$T_m/T_N = 2.2$,$T_{st}/T_N = 2.0$。求额定转矩 T_N,并大致画出该电动机的机械特性曲线。

(5)已知一台异步电动机的技术数据如下:$P_N = 10\text{kW}$,$U_N = 220\text{V}/380\text{V}$,$\eta_N = 0.86$,$\cos\varphi = 0.85$。试分别求出电动机额定运行时定子绕组在两种连接下的线电流和相电流。

(6)一台Y180M-4型异步电动机,技术数据如下:$P_N = 18.5\text{kW}$,$U_N = 380\text{V}$,$f = 50\text{Hz}$,三角形连接,$s_N = 0.02$,$\cos\varphi = 0.86$,$\eta_N = 0.91$,$I_{st}/I_N = 2.0$。试求:①I_N、T_N、T_m;②采用星形—三角形降压启动时的启动电流 I_{st},启动转矩 T_{st}。

(7)一台异步电动机的启动转矩 $T_1 = 1.4T_N$,现采用星形—三角形换接减压启动,试问:①当负载转矩 $T_2 = 0.5T_N$ 时,能否带负载启动?②如果负载转矩 $T_2 = 0.25T_N$ 时,是否可以带负载启动?

(8)一台异步电动机的技术数据如下:$P_N = 10\text{kW}$,$U_N = 380\text{V}$,三角形连接,$n = 1\,450\text{r/min}$,$\eta = 86\%$,$\cos\varphi = 0.85$,$T_{st}/T_N = 1.4$,$T_m/T_N = 2.2$,$I_{st}/I_N = 2.0$。试求:①电动机直接启动和星形—三角形换接降压启动时的启动电流;②负载转矩 $T_2 = 0.5T_N$ 时,电动机的转速;③在电动机额定运行时,电网电压突降为320V,试问电动机能否继续运行?

拓展学习

拓展5　单相异步电动机

由于单相异步电动机由单相电源供电,所以被广泛用于家用电器、医疗设备及轻工设备中。单相异步电动机根据启动方式可分为:分相式单相异步电动机和罩极式单相异步电动机两大类。

1)电容分相式单相异步电动机

分相式单相异步电动机中常用的是电容分相式单相异步电动机,它的定子铁芯装有工作绕组和启动绕组两个线圈,二者在空间上相差90°,如图4-17a)所示。电动机工作绕组和启动绕组接在同一个单相电源上，原理图如图 4-17b）所示。

由于电动机的工作绕组电路为感性电路，启动绕组串联电容后成了容性电路，若电容器容量适当，可使两个电流的相位差恰好为 90°，两相电流的波形如图 4-18b）所示。这样，两个具有 90°相位差的电流，通入到两个空间互差 90°的绕组后，所产生的合成磁场也是一旋转磁场，如图 4-18a）所示。在此旋转磁场作用下，转子上便有了启动转矩，电动机就能转动起来。

a)示意图

b)原理图

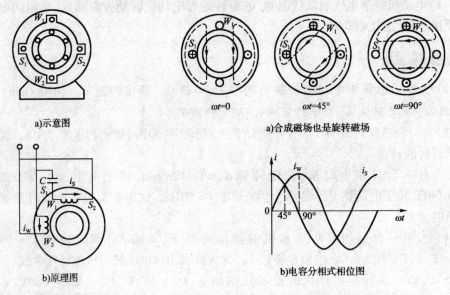

图 4-17　电容分相式单相异步电动机的基本结构

a)合成磁场也是旋转磁场

b)电容分相式相位图

图 4-18　电容分相式电动机的工作

电动机启动后可以有两种运行方式。如果在启动绕组中串联一个开关（如离心开关），当电动机启动完毕后，将开关断开，电动机只在工作绕组通电的情况下继续运行，这种方式的电动机称为电容启动式电动机。如果电动机启动后不断开启动绕组，则称为电容运转式电动机。

图 4-19　罩极式单相异步电动机

2）罩极式单相异步电动机

罩极式电动机的结构示意图如图 4-19 所示。其特点是：定子上有凸出的磁极，定子绕组绕在磁极上，在磁极约 1/3 处开有一小槽，将磁极分成大小两部分，小的部分套有一个铜环（称为罩极）。

由于定子通入的是交流电，磁极中的磁通是交变的，因铜环的感应电流作用，使得穿过被铜环套住部分磁极的磁通滞后原磁通的变化，这就相当于一个二相电动机，故能使转子转动起来。

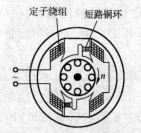

技能训练

实训 4　三相异步电动机的使用

1）实验目的

（1）理解三相异步电动机铭牌数据的意义。

（2）学习检验三相异步电动机绝缘情况的方法。

（3）学习三相异步电动机定子绕组首、末端的判别方法。

(4)掌握三相异步电动机的启动和反转方法。

2)实验原理

(1)三相异步电动机的铭牌

三相异步电动机的额定值标记在电动机的铭牌上。

(2)三相异步电动机的检查

电动机在使用前应作必要的检查,检查包括机械检查和电气检查。

机械检查一般检查引出线是否齐全、牢靠,转子转动是否灵活、匀称、有否异常声响等。

电气检查一般包括用兆欧表检查电动机绕组间及绕组与机壳之间的绝缘性能,定子绕组首、末端的判别等。

(3)三相异步电动机的启动

三相异步电动机的直接启动电流可达额定电流的4~7倍,因持续时间很短,不致引起电动机过热而烧坏。但对容量较大的电动机,过大的启动电流会导致电网电压的下降而影响其他负载的正常运行,通常采用降压启动。

(4)三相异步电动机的反转

三相异步电动机的旋转方向取决于三相电源接入定子绕组时的相序,故只要改变三相电源与定子绕组连接的相序即可使电动机改变旋转方向。

3)仪器设备

(1)电工实验装置。

(2)三相小功率异步电动机。

(3)兆欧表。

4)实验内容与步骤

(1)抄录三相异步电动机的铭牌数据。

(2)三相异步电动机绝缘性能的检查。

①用万用表的电阻挡,判断每相绕组的两个出线端并测量其电阻值,记入表4-4中,以判别各相绕组的电阻是否平衡。

②用兆欧表测量电动机绕组的绝缘电阻,测量数据记入表4-4中。

绝缘性检查记录表　　　　　　　　　　表4-4

各相绕组电阻(Ω)			各相对机壳(地)的绝缘电阻(MΩ)			相间绝缘电阻(MΩ)		
A相	B相	C相	A相	B相	C相	A、B相	B、C相	C、A相

由于兆欧表在不使用时,指针是停在任意位置的,因此必须以约大于120r/min的速度摇转兆欧表手柄,并保持手摇速度不变,读取数据。测量点必须干净,无油漆和灰尘。

注意:摇转兆欧表时,其两个测试端之间的电压可达500V,所以测试时手不能接触测试端。

③判断三相绕组的首末端(从引到实验桌上的六根线判断),并与接线板上的标志核对,查看是否相符。

(3)三相异步电动机启动、空载运行和反转。

电源电压为380V,根据电动机额定值及自拟的接线图,正确接线(必须接入三相插座)。

①电动机直接启动,观察启动瞬间电流冲击情况及电动机旋转方向。

②测量空载电流。待电动机达稳定运行后,用电流表测量电动机每相的空载电流,记入表4-5中。

③电动机稳定运行后,突然拆除三相电源中的任意一相(注意小心操作,以免触电),观察电动机单相运行时电流表的读数并记录之。再仔细倾听电动机的运行声音有何变化。

④电动机启动之前先断开三相电源中的任意一相,作缺相启动,观察电流表的读数并记录之。观察电动机有否启动,再仔细倾听电动机有否发出异常的声响。

⑤反转测试。将电源三根导线中的任意两根线对换接线,再合上电源开关。观察电动机转动方向,记入表4-5中。

电动机启动、空载运行和反转记录表　　　　表4-5

测量项目	启动电流(A)	空载电流(A)	运行声音	转向(顺时针或逆时针)
正常启动运行				
缺相启动运行				
反转				

5)预习内容

(1)阅读兆欧表的基本工作原理及使用方法。

(2)电源电压为380V,三相异步电动机的额定电压为220V/380V(或Y系列3kW及以下的小功率三相异步电动机),则电动机定子绕组应怎样连接?画出包括电源开关、三相电流插座和电动机接线的实验电路图。

(3)选择测量三相异步电动机空载电流的电流表量程。

6)实验报告要求

(1)从所测绝缘电阻判断电动机绝缘情况。

(2)简要说明三相鼠笼式异步电动机正、反转运行的原理。

(3)试画出电机正、反转时三相电源接线图。

(4)简要说明电动机三相绕组首尾端测试方法的原理。

单元 5

常用低压电器及控制系统

> **知识目标**

认识、了解各种常见低压电器的结构、符号、原理、功能、选用等知识,掌握分析接触器—继电器控制电气图的方法,了解三相异步电动机的一些常见控制电路。

5.1 常用低压电器

低压电器是一种能根据外界的信号和要求,手动或自动地接通、断开电路,以实现对电路或非电对象的切换、控制、保护、检测、变换和调节的元件或设备。

低压电器按其工作电压的高低,以交流 1 200 V、直流 1 500 V 为界,可划分为高压控制电器和低压控制电器两大类。这里介绍一些常用的低压电器。

5.1.1 常用低压电器的分类

低压电器种类繁多,功能各样,构造各异,用途广泛,工作原理各不相同,常用低压电器的分类方法也很多。

1)按用途或控制对象分类

(1)配电电器:主要用于低压配电系统中。要求系统发生故障时准确动作、可靠工作,在规定条件下具有相应的动稳定性与热稳定性,使电器不会被损坏。常用的配电电器有刀开关、转换开关、熔断器、断路器等。

(2)控制电器:主要用于电气传动系统中。要求寿命长、体积小、重量轻且动作迅速、准确、可靠。常用的控制电器有接触器、继电器、启动器、主令电器、电磁铁等。

2)按动作方式分类

(1)自动电器:依靠自身参数的变化或外来信号的作用,自动完成接通或分断等动作,如接触器、继电器等。

(2)手动电器:用手动操作来进行切换的电器,如刀开关、转换开关、按钮等。

3)按触点类型分类

(1)有触点电器:利用触点的接通和分断来切换电路,如接触器、刀开关、按钮等。

(2)无触点电器:无可分离的触点。主要利用电子元件的开关效应,即导通和截止来实现电路的通、断控制,如接近开关、霍尔开关、电子式时间继电器、固态继电器等。

4)按工作原理分类

(1)电磁式电器:根据电磁感应原理动作的电器,如接触器、继电器、电磁铁等。

(2)非电量控制电器:依靠外力或非电量信号(如速度、压力、温度等)的变化而动作的电器,如转换开关、行程开关、速度继电器、压力继电器、温度继电器等。

5.1.2 刀开关

1)刀开关的结构

刀开关又叫闸刀开关,是一种结构简单、应用广泛的手动电器,一般用于不频繁操作的低压电路中,用作接通和切断电源,有时也用来控制小容量电动机的直接启动与停机。

刀开关由闸刀(动触点)、静插座(静触点)、手柄和绝缘底板等组成,见图5-1a)。刀开关的种类很多,按刀的极数可分为单极、双极和三极;按刀的转换方向可分为单掷和双掷;按操作方式可分为直接手柄操作式和远距离连杆操纵式;按灭弧情况可分为有灭弧罩和无灭弧罩;按封装方式可分为开启式和封闭式。

2)刀开关的电气符号和常用型号

图5-1b)和c)为刀开关的外形图和电路符号。

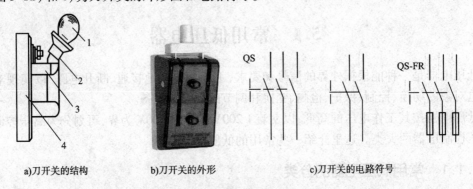

a)刀开关的结构　　b)刀开关的外形　　c)刀开关的电路符号

图5-1　刀开关

1-手柄;2-触刀;3-静插座;4-底板

目前常用的闸刀开关有HD系列刀型隔离器、HS系列双投闸刀开关、HK系列胶盖闸刀开关、HH系列负荷闸刀开关(铁壳开关)和HR系列熔断式闸刀开关。

3)刀开关的选用原则

(1)根据使用场合,选择刀开关的类型、极数及操作方式。

(2)刀开关额定电压应大于或等于线路电压。

(3)刀开关额定电流应等于或大于线路的额定电流。对于电动机负载,开启式刀开关额定电流可取电动机额定电流的3倍;封闭式刀开关额定电流可取电动机额定电流的1.5倍。

5.1.3 转换开关

转换开关又称组合开关,图5-2为转换开关的结构、外形和电路符号。

组合开关由于其体积小且接线方法多,所以使用方便,常用于电气线路中手动不频繁地接通或分断电路、换接电源、控制小容量交、直流电动机的正反转、Y-△启动和变速、换向等。

组合开关由动触头、静触头、绝缘连杆转轴、手柄、定位机构及外壳等部分组成。其动、静触头分别叠装于数层绝缘壳内,当转动手柄时,每层的动触片随转轴一起转动。

转换开关作为电源引入开关时,其额定电流应大于电动机的额定电流;用组合开关控制小容量电动机的启动、停止时,其额定电流应为电动机额定电流的 3 倍。

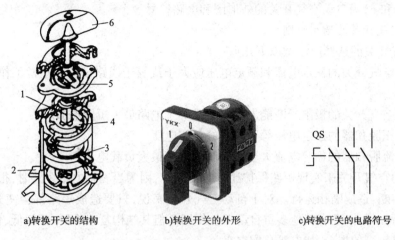

a)转换开关的结构　　b)转换开关的外形　　c)转换开关的电路符号

图 5-2　转换开关

1-绝缘方轴;2-接线端;3-静触头;4-动触头;5-凸轮;6-手柄

5.1.4　自动空气开关

自动空气开关又称自动空气断路器,是低压配电网络和电力拖动系统中非常重要的一种电器,它集控制和多种保护功能于一身。除了能完成接通和分断电路外,还能对电路或电气设备发生的短路、严重过载、失压及欠压等进行保护,同时也可以用于不频繁启动的小容量电动机。

1) 自动空气开关的结构

低压断路器的结构示意如图 5-3a) 所示,低压断路器主要由触点、灭弧系统、各种脱扣器和操作机构等组成。脱扣器又分电磁脱扣器、热脱扣器、欠压脱扣器等多种。

图 5-3a) 所示断路器处于闭合状态,3 个主触点通过传动杆与锁扣保持闭合,锁扣可绕轴 5 转动。断路器的自动分断是由电磁脱扣器 6、欠压脱扣器 11 和双金属片 12 使锁扣 4 被杠杆

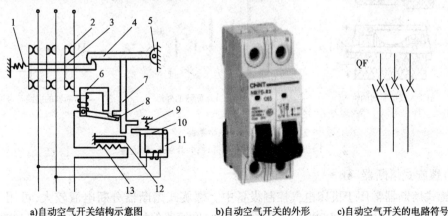

a)自动空气开关结构示意图　　b)自动空气开关的外形　　c)自动空气开关的电路符号

图 5-3　自动空气开关

1-弹簧;2-主触点;3-传动杆;4-锁扣;5-轴;6-电磁脱扣器;7-杠杆;8、10-衔铁;9-弹簧;11-欠压脱扣器;12-双金属片;13-发热元件

顶开而完成的。正常工作中,各脱扣器均不动作,而当电路发生短路、欠压或过载故障时,分别通过各自的脱扣器使锁扣被杠杆顶开,实现保护作用。

2) 自动空气开关的电气符号

图 5-3b) 和 c) 为自动空气开关的外形图和电路符号。

3) 自动空气开关的选用原则

自动空气开关的选择应注意以下几点:

(1) 自动空气开关的额定电流和额定电压应大于或等于线路设备的正常工作电压和工作电流。

(2) 自动空气开关的极限通断能力应大于或等于电路最大短路电流。

(3) 欠电压脱扣器的额定电压等于线路的额定电压。

(4) 过电流脱扣器的额定电流大于或等于线路的最大负载电流。

使用自动空气开关来实现短路保护比熔断器优越,因为当三相电路短路时,很可能只有一相的熔断器熔断,造成断相运行。对于自动空气开关来说,只要造成短路都会使开关跳闸,将三相同时切断。另外,还有其他多重自动保护作用。但其结构复杂、操作频率低、价格较高,因此适用于要求较高的场合,如电源总配电盘。

5.1.5 熔断器

熔断器是低压电路及电动机控制电路中主要起短路和严重过载保护作用的元件。熔断器主要由熔体、安装熔体的熔管和熔座三部分组成。

1) 常用的熔断器

(1) 插入式熔断器

常见的为瓷插式熔断器,主要用于交流 50Hz、额定电压 380V、额定电流 200A 以下的低压线路末端或分支电路中,作为电气设备的短路保护及一定程度上过载保护。

图 5-4 为插入式熔断器的结构、外形和电路符号。

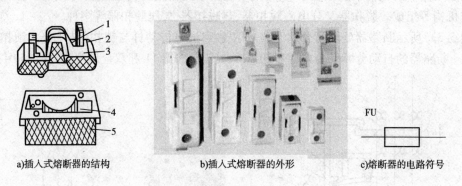

a) 插入式熔断器的结构　　b) 插入式熔断器的外形　　c) 熔断器的电路符号

图 5-4　熔断器

1-动触点;2-熔体;3-瓷插件;4-静触点;5-瓷座

(2) 螺旋式熔断器

螺旋式熔断器常用于机床电气控制设备中。螺旋式熔断器分断电流较大,可用于电压等级 500V 及其以下、电流等级 200A 以下的电路中,作短路保护。熔断器熔断后,只需更换熔管即可。

图 5-5 为螺旋式熔断器的结构和外形图。

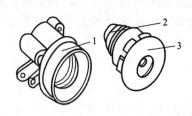

a)螺旋式熔断器的结构　　　　b)螺旋式熔断器的外形

图 5-5　螺旋式熔断器
1-底座；2-熔体；3-瓷帽

(3) 无填料封闭管式熔断器

无填料密闭式熔断器将熔体装入密闭式圆筒中，用于 500V 以下、600A 以下电力网或配电设备中。

图 5-6 为无填料密闭管式熔断器的结构和外形图。

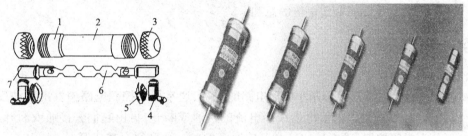

a)无填料密闭管式熔断器的结构　　　　b)无填料密闭管式熔断器的外形

图 5-6　无填料密闭管式熔断器
1-铜圈；2-熔断管；3-管帽；4-插座；5-特殊垫圈；6-熔体；7-熔片

(4) 有填料封闭式熔断器

有填料熔断器一般用方形瓷管，内装石英砂及熔体制成，分断能力强，用于电压等级 500V 以下、电流等级 1kA 以下的电路中。图 5-7 为有填料密闭管式熔断器的结构和外形图。

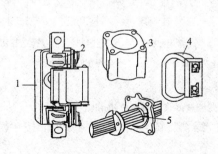

a)有填料密闭管式熔断器的结构　　　　b)有填料密闭管式熔断器的外形

图 5-7　有填料封闭管式熔断器
1-瓷底座；2-弹簧片；3-管体；4-绝缘手柄；5-熔体

2) 熔断器的选用原则

熔断器的选择主要包括熔断器类型、额定电压、额定电流和熔体额定电流等的确定。

熔断器的类型主要由电控系统整体设计确定，熔断器的额定电压应大于或等于实际电路的工作电压；熔断器额定电流应大于或等于所装熔体的额定电流。

确定熔体电流是选择熔断器的关键,具体来说可以参考以下几种情况。

(1)对于照明线路或电阻炉等电阻性负载,熔体的额定电流应大于或等于电路的工作电流,即:

$$I_{fN} \geq I$$

式中:I_{fN}——熔体的额定电流;

I——电路的工作电流。

(2)保护一台异步电动机时,考虑电动机冲击电流的影响,熔体的额定电流可按下式计算:

$$I_{fN} \geq (1.5 \sim 2.5) I_N$$

式中:I_N——电动机的额定电流。

(3)保护多台异步电动机时,若各台电动机不同时启动,则应按下式计算:

$$I_{fN} \geq (1.5 \sim 2.5) I_{Nmax} + \sum I_N$$

式中:I_{Nmax}——容量最大的一台电动机的额定电流;

$\sum I_N$——其余电动机额定电流的总和。

5.1.6 按钮

1)按钮的分类

按钮是一种短时接通或分断小电流电路的电器,通常用于控制电路中发出启动或停止等指令,以控制接触器、继电器等电器线圈电流的接通或断开,再由它们去接通或断开主电路。按钮一般分为常闭按钮(动断按钮)、常开按钮(动合按钮)和复合按钮等。

2)按钮的结构

图5-8a)为按钮的结构示意图,图5-8b)和c)为按钮的外形和符号图。

a)按钮结构示意图　　b)按钮的外形　　c)按钮的符号

图5-8 按钮

1、2-常闭触点;3、4-常开触点;5-桥式触点;6-复位弹簧;7-按钮帽

按使用场合、作用不同,通常将按钮帽做成红、绿、黑、黄、蓝、白、灰等颜色。按钮帽颜色一般规定:

(1)"停止"和"急停"按钮为红色。

(2)"启动"按钮的颜色为绿色。

(3)"启动"与"停止"交替动作的按钮为黑白、白色或灰色。

(4)"点动"按钮为黑色。

(5)"复位"按钮为蓝色(如保护继电器的复位按钮)。

3)按钮的选用原则

按钮主要根据使用场合、用途、控制需要及工作状况等进行选择。

(1) 根据使用场合,选择控制按钮的种类,如开启式、防水式、防腐式等。
(2) 根据用途,选用合适的形式,如钥匙式、紧急式、带灯式等。
(3) 根据控制回路的需要,确定不同的按钮数,如单钮、双钮、三钮、多钮等。
(4) 根据工作状态指示和工作情况的要求,选择按钮及指示灯的颜色。

5.1.7 位置开关

位置开关又称行程开关,在控制电路中的作用与按钮类似,按钮为手动,而位置开关是通过生产机械的运动部件(如挡铁)碰撞或接近后使其触点动作的。

图 5-9 为行程开关的结构、外形和符号图。

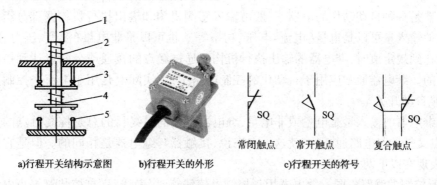

a)行程开关结构示意图　　b)行程开关的外形　　c)行程开关的符号

图 5-9　行程开关

1-顶杆;2-弹簧;3-常闭触点;4-触点弹簧;5-常开触点

行程开关按其结构形式分为按钮式、滚轮式、微动开关式等。

行程开关在选用时,应根据不同的使用场合,满足额定电压、额定电流、复位方式和触点数量等方面的要求。

5.1.8 交流接触器

接触器是用于远距离频繁地接通和切断交直流主电路及大容量控制电路的一种自动控制电器。其主要控制对象是电动机,也可以用于控制其他电力负载,如电热器、电照明、电焊机与电容器组等。接触器具有操作频率高、使用寿命长、工作可靠、性能稳定、维护方便等优点,同时还具有失压、欠压保护功能,因此,在电力拖动和自动控制系统中,接触器是运用最广泛的控制电器之一。

接触器的三相主触点一般接在主电路中可以通过较大电流,通常装有灭弧装置。而辅助触点通过的电流较小,只能用在控制电路中。

图 5-10 为接触器的符号和外形图。

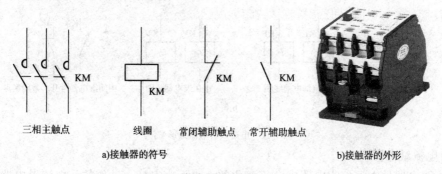

a)接触器的符号　　　　　　　　　　　　　　　　b)接触器的外形

图 5-10　接触器

交流接触器工作时,一般当施加在线圈上的交流电压大于线圈额定电压值的85%时,铁芯中产生的磁通对衔铁产生的电磁吸力克服复位弹簧的拉力,使衔铁带动触点动作。触点动作时,常闭触点先断开,常开触点后闭合,主触点和辅助触点是同时动作的。当线圈中的电压值降到某一数值时,铁芯中的磁通下降,吸力减小到不足以克服复位弹簧的拉力时,衔铁复位,使主触点和辅助触点复位。

交流接触器具有失压、欠压保护功能。

接触器的选择主要从接触器的类型、额定电压和额定电流等多方面考虑。

5.1.9 继电器

继电器是一种自动动作的电器,一般由输入感测机构和输出执行机构两部分组成。输入感测机构的输入量可以是电量(电流、电压、功率等),也可以是非电量(温度、压力、速度等)。当输入量达到规定值时,继电器的输出执行机构便通过触点的接通或分断以达到控制或保护电路的目的。继电器通常应用于自动化的控制电路中,它实际上是用小电流去控制大电流运作的一种"自动开关"。

无论继电器的输入量是电量或非电量,继电器工作的最终目的总是控制触点的分断或闭合,而触点又是控制电路通断的,就这一点来说,接触器与继电器是相同的。但是它们又有区别,主要表现在以下两个方面。

(1)所控制的线路不同。继电器用于控制电信线路、仪表线路、自控装置等小电流电路及控制电路。接触器用于控制电动机等大功率、大电流电路及主电路。

(2)输入信号不同。继电器的输入信号可以是各种物理量,如电压、电流、时间、压力、速度等,而接触器的输入量只有电压。

1)电磁式继电器

电磁式继电器也叫有触点继电器,结构与动作原理与接触器大致相同。但电磁式继电器在结构上体积较小、动作灵敏、没有庞大的灭弧装置,且触点的种类和数量也较多(图5-11)。

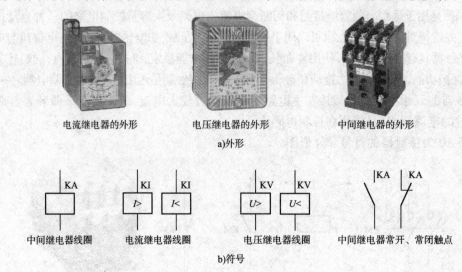

图5-11 电磁式继电器外形、符号

(1)电流继电器

电流继电器是根据控制电路中电流变化的大小而决定是否动作的。电流继电器可分为过电流继电器和欠电流继电器。

(2) 电压继电器

电压继电器是根据控制电路中电压变化的大小而决定是否动作的。电压继电器可分为过电压继电器和欠电压继电器。

(3) 中间继电器

中间继电器实质上为电压继电器，但它的触点对数多，触点容量较大，动作灵敏。中间继电器的主要作用是解决触点容量、数目与继电器灵敏度的矛盾。

2) 时间继电器

时间继电器可实现触点的延时动作。按动作原理，分为电磁式、空气阻尼式、电动式和晶体管式。

时间继电器按延时方式分为通电延时和断电延时。

(1) 通电延时。接受输入信号后延迟一定的时间，输出信号才发生变化。当输入信号消失后，输出瞬时复原。即"通电延时动作，断电瞬时归位"。

(2) 断电延时。接受输入信号时，瞬时产生相应的输出信号。当输入信号消失后，延迟一定的时间，输出才复原。即"通电瞬时动作，断电延时归位"。

图 5-12 为时间继电器的符号。

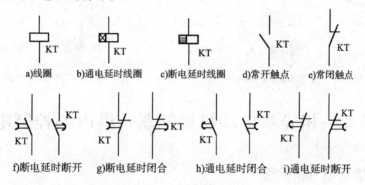

图 5-12　时间继电器的符号

3) 热继电器

热继电器是利用电流的热效应原理工作的保护电器，在电路中对电动机起过载保护作用。热继电器中应用较多的是基于双金属片的热继电器。

图 5-13 为热继电器的符号和外形图。

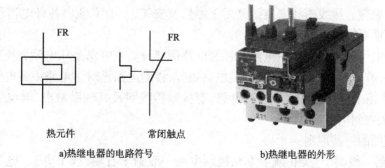

图 5-13　热继电器

热继电器的热元件串联在电动机或其他用电设备的主电路中，而其常闭触点串联在控制电路中。当电动机过载时,流过热元件的电流增大,产生的热量增大,使双金属片产生的弯曲位移增大,超过一定限度时,推动导板使热继电器的常闭触点断开,切断控制电路。

4) 速度继电器

速度继电器的输入量是转速,一般和电动机同轴安装,用以控制电动机的转速或作为电动机停止时反接制动之用。当电动机的转速达到某一数值时(一般为120r/min),速度继电器动作(常开触点闭合、常闭触点断开),从而达到接通或断开控制电路的目的。当转速降至某一数值时(一般为100r/min),它的触点复位(常开触点断开、常闭触点闭合)。

图5-14是速度继电器的电路符号。

5) 压力继电器

压力继电器的输入量是压力。压力源有气压、水压、油压等。当系统压力达到一定数值时,压力继电器的触点动作,将压力的变化控制电路接通或断开。

图5-15是压力继电器的电路符号。

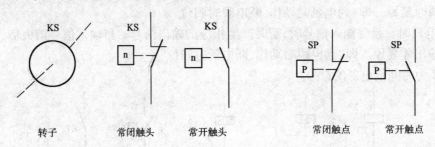

图5-14 速度继电器的电路符号　　　图5-15 压力继电器的电路符号

5.2 三相异步电动机接触器—继电器控制电路

5.2.1 基本电气识绘图

主要由接触器、继电器及按钮等组成的电动机或其他电气设备的电气控制系统叫接触器—继电器控制系统。为了分析该系统各种电器的工作情况和控制原理,需要将电路按规定的图形和文字符号表示出来,这种图形叫电气图。

接触器—继电器控制电气图可分为:原理图、接线图和安装图。在原理图中各电器及部件都不是按实际位置绘制,而是根据控制的基本原理和要求分别绘在电路图中各相应位置,便于分析控制线路原理。接线图和安装图是用于维修及安装,一般需画出各种电器件的位置及相互的关系。下面介绍电气原理图。

电动机的电气原理图分为主电路和控制电路两部分。主电路是从电源进线到电动机的大电流连接电路,有刀开关、接触器主触点、电动机等;控制电路是对主电路中各电气部件的工作情况进行控制、保护、检测等的小电流电路,有接触器线圈及其辅助触点、继电器线圈及其触点、按钮等有关控制电器。

绘制原理图的一些原则:

(1) 主电路一般画于左侧(或上方),控制电路一般画于右侧(或下方)。电气元件一般均按动作顺序由上到下、从左到右依次排列。十字交叉的节点,若电路相连,应画一个圆点

(2)原理图中,各种电机、电器等电气元件必须用国家统一规定的图形符号和文字符号画出。

(3)图中电气元件的各部件所在位置,为了便于阅读,同一电气元件的各部件可以不画在一起。如接触器的主触点画在主电路中,而其线圈、辅助触点却画在控制电路中。若有几个辅助触点,也分画在不同位置。为便于识别,同一电气元件的各部件均以同一文字符号表示,如接触器,不论是线圈还是触点,均以"KM"表示。

(4)图中各电气元件的图形符号均以正常状态表示,所谓正常状态是指未通电或无外力作用时的状态。如按钮 SB 表示未按下时的状态,对接触器而言,为线圈未通电,衔铁未吸合时触点所处状态。

识图时,应先看主电路,后看控制电路。看图的原则是由上到下、从左到右。看主电路需根据电流的流向由电源到被控制的设备,了解生产工艺的要求,以及主电路中有哪些电器,怎样工作,有何特点。看控制电路时,按动作先后次序一个一个分析,如接触器线圈得电,应逐一找出它的主、辅助触点分别接通或断开了哪些电路,或为哪些电路的工作做了准备,搞清它们的动作条件和作用,理清它们间的逻辑顺序。此外,还需关注电路中有哪些保护环节。

5.2.2 三相异步电动机的点动控制

(1)图 5-16 为采用接触器点动控制电动机的线路。

(2)线路的工作原理:

合上电源开关 QS—按下点动按钮 SB—接触器 KM 线圈通电—主电路中接触器 KM 主触点闭合—电动机 M 转动。

松开点动按钮 SB—接触器 KM 线圈失电—接触器 KM 主触点断开—电动机 M 停转。

5.2.3 三相异步电动机的长动控制

(1)图 5-17 是采用接触器长动控制电动机的线路。

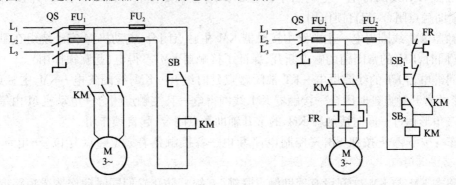

图 5-16 点动控制线路　　　图 5-17 长动控制线路

(2)线路的工作原理。

启动:合上电源开关 QS—按下启动按钮 SB_2—接触器 KM 线圈通电—主电路中接触器 KM 主触点闭合(同时,与 SB_2 并接的接触器 KM 的辅助触点闭合)—电动机 M 转动。

松开启动按钮 SB_2 时,与 SB_2 并接的接触器 KM 的动合辅助触点仍保持闭合状态,电动机继续工作。这个辅助触点称为自锁触点。

停止:按下停止按钮 SB_1—接触器 KM 线圈失电—接触器 KM 的主触点和辅助触点断开—电动机 M 停转。

(3)线路的保护措施。

①短路保护:熔断器 FU_1、FU_2 起短路保护作用。

②过载保护:热继电器 FR 起过载保护作用。

③失压、欠压保护:接触器 KM 起失压、欠压保护作用。

5.2.4 三相异步电动机的 Y-△ 降压启动控制

(1)图 5-18 是 Y-△ 降压启动控制线路。

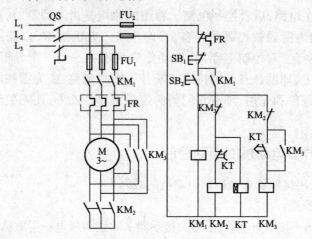

图 5-18　Y-△降压启动控制线路

(2)线路的工作原理。

启动:合上电源开关 QS—按下启动按钮 SB_2—接触器 KM_1 的线圈、接触器 KM_2 的线圈及时间继电器 KT 的线圈同时得电。

接触器 KM_1 线圈得电—主电路中接触器 KM_1 主触点闭合—同时,与 SB_2 并接的接触器 KM_1 的辅助触点闭合,起自锁作用。

接触器 KM_2 线圈得电—主电路中接触器 KM_2 主触点闭合,电动机 M 定子绕组在星形连接下运行(同时,KM_2 的常闭辅助触点断开,保证了接触器 KM_3 不得电,起互锁作用)。

时间继电器 KT 的线圈得电—KT 常闭触点延时继开—KM_2 线圈失电—KM_2 主触点断开;同时 KT 的常开触点延时闭合—接触器 KM_3 线圈得电—其主触点闭合—电动机 M 由星形启动切换为三角形运行—同时接触器 KM_3 的常开辅助触点闭合,起自锁作用。

停车:按下停止按钮 SB_1—控制电路断电—各接触器释放(触点复位)—电动机断电停车。

线路在 KM_2 与 KM_3 之间设有辅助触点联锁(互锁),防止它们同时动作造成短路;此外,线路转入三角形连接运行后,KM_3 的常闭触点分断,切除时间继电器 KT、接触器 KM_2,避免 KT、KM_2 线圈长时间运行而空耗电能,并延长其使用寿命。

5.2.5 三相异步电动机的反接制动控制

(1)图 5-19 是单向运行反接制动电路图。

(2)线路的工作原理。

启动运转:合上电源开关 QS—按下启动按钮 SB₂—接触器 KM₁ 线圈通电并自锁—主电路中接触器 KM₁ 主触点闭合—接通电动机 M 绕组,电动机 M 转动。此时,接触器 KM₂ 线圈回路中的接触器 KM₁ 的常闭触点断开,使接触器 KM₂ 线圈不能得电。当电动机转速达到 120r/min 以上时速度继电器 KS 的常开触头闭合,为制动作准备。

制动停转:按下停止按钮 SB₁—接触器 KM₁ 线圈失电—接触器 KM₁ 的所有主触点和辅助触点复位,切断电动机 M 电源—电动机由于惯性,转速依然较高,速度继电器 KS 的常开触头依然闭合—按钮 SB₁ 的常开触点

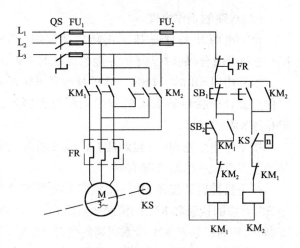

图 5-19 单向运行反接制动电路

闭合—接触器 KM₂ 线圈得电并自锁—其主触头闭合,接入反向电源,电动机转速迅速下降—转速小于 100r/min 时,速度继电器 KS 的常开触头复位断开—接触器 KM₂ 失电释放—接触器 KM₂ 主触头断开—电动机脱离电源迅速停车,完成制动。

单元小结

(1)常用低压电器按动作方式可分为手动电器和自动电器,如刀开关、组合开关、按钮等为手动电器,继电器、接触器、行程开关等为自动电器。

(2)常用低压电器按用途可分为控制电器和保护电器,如刀开关、接触器、按钮等为控制电器,熔断器、热继电器等为保护电器。

(3)接触器是用来控制电动机等设备主电路通断的电器,按钮和各种继电器则是控制接触器吸引线圈回路或其他控制回路通断的电器。

(4)用接触器、继电器、按钮等低压电器组合起来对电动机等设备实现的自动控制称为接触器—继电器控制。

思考与练习

(1)什么是低压电器?常用的低压电器有哪些?
(2)常用的低压电器我们一般是如何进行分类的?
(3)电动机的主电路中装有熔断器,为什么还要安装热继电器?
(4)为什么热继电器只能作为电动机的过载保护,而不能作为其短路保护?
(5)接触器与继电器的区别主要表现在哪些方面?
(6)三相异步电动机的点动与长动控制区别的关键环节是什么?

拓展学习

拓展6 三相异步电动机正反转控制

1)接触器互锁正反转控制

(1)图 5-20 是接触器互锁正反转控制电路。

(2)线路的工作原理。

合上电源开关 QS—按下正转启动按钮 SB_2—接触器 KM_1 线圈通电—主电路中接触器 KM_1 主触点闭合(同时,与 SB_2 并接的接触器 KM_1 的辅助触点闭合)—电动机 M 正转。

松开按钮 SB_2 时,与 SB_2 并接的接触器 KM_1 的动合辅助触点仍保持闭合状态,电动机继续工作。而此时接触器 KM_1 的辅助动断触点断开,切断接触器 KM_2 线圈回路的电源,实现了 KM_1 与 KM_2 的互锁。

按下停止按钮 SB_1—接触器 KM_1 线圈回路电源被切断失电—接触器 KM 的所有主触点和辅助触点复位—电动机 M 停转。

按下反转启动按钮 SB_3—接触器 KM_2 线圈通电—主电路中接触器 KM_2 主触点闭合(同时,与 SB_3 并接的接触器 KM_2 的辅助触点闭合)—电动机 M 反转。此时接触器 KM_2 的辅助动断触点断开,切断接触器 KM_1 线圈回路的电源,实现了互锁。

使用该线路的缺点是:在改变电动机转向时,需要先按停止按钮,然后再按启动按钮,实际操作中不够方便。

2)按钮互锁正反转控制

(1)图 5-21 是按钮互锁正反转控制电路。

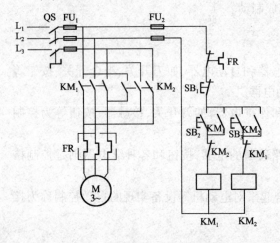

图 5-20 接触器互锁正反转控制电路　　　图 5-21 按钮互锁正反转控制电路

(2)线路的工作原理。

SB_2 和 SB_3 为复合按钮。复合按钮的动作特点是:动断触点先断开,动合触点再闭合。

合上电源开关 QS—按下正转启动按钮 SB_2—接触器 KM_1 线圈通电—主电路中接触器 KM_1 主触点闭合(同时,与 SB_2 并接的接触器 KM_1 的辅助触点闭合)—电动机 M 正转。

按下反转启动按钮 SB_3—SB_3 的动断触点先断开—SB_3 的动合触点再闭合—接触器 KM_2 线圈通电—主电路中接触器 KM_2 主触点闭合(同时,与 SB_3 并接的接触器 KM_2 的辅助触点闭合)—电动机 M 反转。

按下停止按钮 SB_1,电动机 M 停转。

使用该线路的缺点是:当主电路中电动机严重过载或出现某种意外时,有一个触点熔焊后粘在一起,此时再去按另一个启动按钮,就会发生短路事故。

3)接触器按钮双重互锁正反转控制

(1)图 5-22 是接触器按钮双重互锁正反转控制电路。

(2)该电路结合了前两者的优点。

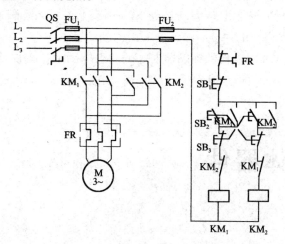

图 5-22　接触器按钮双重互锁正反转控制电路

单元 6

常用半导体器件

知识目标

了解半导体和 PN 结的基本知识,了解半导体二极管和三极管的基本结构、伏安特性及主要参数等,掌握二极管的主要应用——整流。

6.1 半导体基础知识

6.1.1 半导体特性

1) 半导体

自然界中不同的物质,由于其原子结构不同,因而它们的导电能力也各不相同。按照它们的导电能力,一般分为导体、半导体和绝缘体三类,而半导体的导电能力介于导体和绝缘体之间。由于半导体材料具有三个奇特的性能:热敏性、光敏性和掺杂性,使得其得到了广泛的应用。利用光敏性可制成光电二极管和光电三极管及光敏电阻;利用热敏性可制成各种热敏电阻;利用掺杂性可制成各种不同性能、不同用途的半导体器件,例如二极管、三极管、场效应管等。

2) 本征半导体

本征半导体指完全纯净的、具有晶体结构的半导体。

比较典型的半导体材料有硅(Si)和锗(Ge),它们都是四价元素,即每个原子的最外层有四个价电子,相邻的两个原子的一对最外层电子成为共用电子,这样的组合称为共价键结构,见图 6-1。在一定的温度下,由于热运动,有少量的电子挣脱原子的束缚成为自由电子,同时在原来的位置留下了一个空穴。所以在本征半导体中,自由电子和空穴成对产生,称为电子空穴对,见图 6-2。当温度或光照强度增加时,自由电子和空穴的数目增加。

在外电场的作用下,自由电子将沿与外电场相反的方向作定向运动,称为电子电流。同时,有空穴的原子可以吸引相邻原子中的价电子来填补这个空穴,则此邻近原子又将留下一个新的空穴,这样,在外电场的作用下,还会形成价电子递补空穴形成的空穴电流。所以在半导体中,载流子有两种:自由电子和空穴。

在常温下,本征半导体中的载流子数目很少,因此导电性能很差。

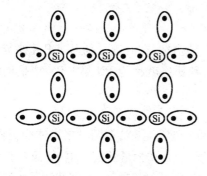
图 6-1　共价键结构图

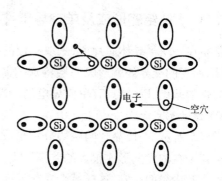
图 6-2　热运动产生的自由电子和空穴

6.1.2　N 型、P 型半导体

为了提高半导体的导电能力,可在半导体中掺入微量的有用杂质,制成掺杂半导体。掺杂半导体有 N 型和 P 型两类。

1) N 型半导体

在本征半导体硅 Si(或锗 Ge)中掺入微量的五价元素(如磷 P),则由于每个磷原子的最外层有五个电子,其中的四个分别与邻近的四个硅原子相结合,组成四对共有电子形成共价键以外,还多出一个受原子核束缚很弱的电子,它很容易被激励而成为自由电子,见图 6-3。由于自由电子数目的大量增加,所以这种半导体的导电能力大为增强。

在这种半导体中,自由电子的数量远大于空穴的数量,所以自由电子为多数载流子,空穴为少数载流子。由于在这种半导体中主要依靠自由电子导电,故称为电子型半导体或 N 型半导体。

2) P 型半导体

在本征半导体硅 Si(或锗 Ge)中掺入微量的三价元素(如硼 B),则由于每个硼原子的最外层只有三个电子,当它与邻近的四个硅原子相结合而形成共价键时,就自然提供了一个空穴,见图 6-4。在这种半导体中,空穴的数量远大于自由电子的数量,所以空穴为多数载流子,自由电子为少数载流子。由于在这种半导体中主要依靠空穴导电,故称为空穴型半导体或 P 型半导体。

需要注意,N 型半导体和 P 型半导体都仍然是电中性的。

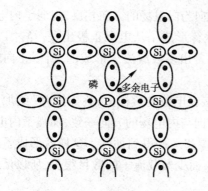
图 6-3　硅中掺磷形成 N 型

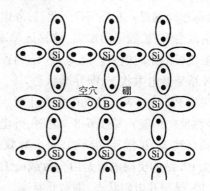
图 6-4　硅中掺硼形成 P 型

6.1.3 PN结的形成及单向导电性

通常是在一块半导体芯片上,采取一定的掺杂工艺措施,在两边分别形成P型半导体和N型半导体,两者的交界处就形成一层特殊的薄层,这种薄层就称为PN结。PN结是构成各种半导体器件的基础,PN结具有单向导电的特性。

1) PN结的形成

如图6-5所示,一块晶片的两边分别形成P型和N型半导体,在两种半导体的交界面处,两侧的载流子在浓度上形成很大的差别,P区有大量的空穴和少量的自由电子,而N区有大量的自由电子和少量的空穴,这样就会在交界面附近产生所谓的扩散运动,即载流子由浓度高的地方向浓度低的地方运动。随着扩散运动的进行,交界面P区一侧就会出现一层带负电的粒子区,而在N区一侧就会出现一层带正电的粒子区。于是,在交界面附近就形成了一个空间电荷区。

空间电荷区的电荷一侧为正,一侧为负,产生了一个内电场,方向由N区指向P区。显然,这个内电场对多数载流子的扩散运动起阻碍作用,但对少数载流子则推动它们越过空间电荷区,少数载流子在内电场作用下的这种运动,称为漂移运动,如图6-6所示。

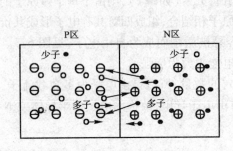

图6-5 多子的扩散

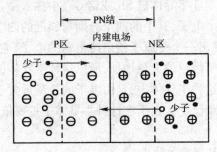

图6-6 内电场与少子的漂移

开始时扩散运动占优势,随着扩散运动的进行,内电场逐步增强。随着内电场的增强,扩散运动逐步减弱,而漂移运动逐渐加强。最后,扩散运动和漂移运动达到了暂时的、相对的动态平衡,建立了一定宽度的空间电荷区。这个空间电荷区就称为PN结。

2) PN结的单向导电性

在PN结两端加上不同极性的外加电压时,PN结呈现不同的导电性。

如果将PN结的P区接在电源的正极上,N区接在电源的负极上,称为给PN结加上正向电压(或称正向偏置),见图6-7。此时,外电场的方向与内电场的方向相反,削弱了内电场,使空间电荷区变窄,扩散运动加强,漂移运动减弱。这样形成了从电源正极出发,经过PN结返回到电源负极的正向电流。因为PN结的正向电流是由多数载流子形成的,所以正向电流比较大,PN结呈低电阻状态,即导通状态。

如果将PN结的N区接在电源的正极上,P区接在电源的负极上,称为给PN结加上反向电压(或称反向偏置),见图6-8。此时,外电场的方向与内电场的方向一致,加强了内电场,使空间电荷区变宽,扩散运动减弱,而少数载流子的漂移运动得到加强。这样就形成了反向电流。因为PN结的反向电流是由少数载流子形成的,而少数载流子的数目很少,所以反向电流非常小,PN结呈高电阻状态,即截止状态。

综上所述,PN结具有单向导电性:正向导通,反向截止。

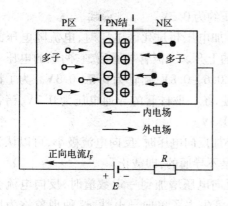
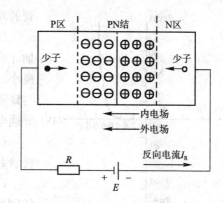

图6-7 PN结加正向电压　　　　　　图6-8 PN结加反向电压

6.2 半导体二极管

6.2.1 二极管的结构、符号及类型

半导体二极管是在一个由PN结做成的管芯两侧各接上电极引线,并以管壳封装加固而成。由P区引出的电极称为阳极或正极,由N区引出的电极称为阴极或负极。

根据内部结构的不同,半导体二极管有点接触型(图6-9)和面结合型(图6-10)两种。根据所用半导体材料的不同,又分为锗管和硅管两类。锗管一般为点接触型,它的PN结面积很小,故允许通过的电流较小,但其高频性能好,一般应用于高频检波及小功率整流电路中,也用作数字电路的开关元件。硅管一般为面结合型,它的PN结面积很大,可通过较大的电流,但工作频率较低,常用于低频整流电路。

二极管的文字符号用D表示,二极管的图形符号如图6-11所示。

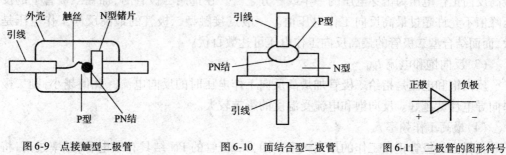

图6-9 点接触型二极管　　　图6-10 面结合型二极管　　　图6-11 二极管的图形符号

6.2.2 二极管的伏安特性

为了正确使用半导体二极管,需要了解它的电压—电流关系曲线,习惯上又称为伏安特性(曲线)。这些曲线一般可用实验方法测出,也可在产品说明书和有关手册中查到。

由图6-12可知,二极管的伏安特性有如下特点:

(1)当外加正向电压很小时,外加电压不足以克服内电场对多数载流子扩散运动的阻力,正向电流很小,近似为零。当外加正向电压超过一定数值后,内电场被大为削弱,多数载流子的扩散运动增强,电流随电压增加而迅速上升,二极管才导通。这个一定数值的正向电压称为死区电压,其大小与管子材料与环境温度有关。在室温条件下,硅管的死区电压约为0.5V,锗

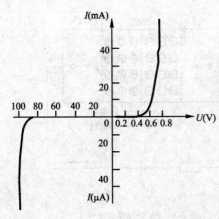

图6-12 硅二极管的伏安特性曲线

管的死区电压约为0.2V。

(2)当外加电压超过死区电压时,电流随电压的增加才有明显的上升。二极管导通后,它两端的电压变化极小,硅管为0.6~0.8V,锗管为0.2~0.3V。为了讨论与计算的方便,统一取硅管的导通电压为0.7V,锗管的导通电压为0.3V。

(3)当外加反向电压时,反向电流极小,可以认为二极管基本上是不导通的,即截止。

(4)当反向电压增加到一定数值时,反向电流会突然剧增,二极管失去了单向导电性,这种现象称为反向击穿,此时的反向电压称为反向击穿电压。一般的二极管正常工作时,是不允许出现这种情况的。

6.2.3 二极管的主要参数

半导体二极管的特性除用伏安特性曲线表示外,还可以用一些数据来表示,这些数据称为二极管的参数,它们是合理选择和使用二极管的依据。二极管的主要参数如下。

(1)最大整流电流I_{FM}

最大整流电流是指二极管长期工作,允许通过的最大正向平均电流值。如果电流过大,发热过甚,就会把PN结烧毁。在选用二极管时,工作电流不能超过它的最大整流电流。一般点接触型二极管的最大整流电流在几十毫安以下,面结合型二极管的最大整流电流可达数百安培以上。

(2)最高反向工作电压U_{RM}

最高反向工作电压是指为确保二极管安全使用所允许施加的最大反向电压,一般给出的最高反向工作电压为击穿电压的一半或三分之二。在选用二极管时,加在二极管上的反向电压峰值不允许超过最高反向工作电压值。一般点接触型二极管的最高反向工作电压是数十伏,而面结合型二极管的最高反向工作电压可达数百伏。

(3)反向饱和电流I_{RM}

反向饱和电流是指给二极管加最高反向工作电压时的反向电流。此值越小,则二极管的单向导电性就越好。反向饱和电流受温度的影响较大。

(4)最高工作频率f_M

指保证二极管正常工作的最高频率。因为二极管的PN结具有结电容,频率过高,将影响二极管的单向导电性。

二极管是电子电路中最常用的半导体器件之一。利用其单向导电性及导通时正向压降很小的特点,可用来进行整流、检波、钳位、限幅、开关及元件保护等各项工作。

6.3 特殊二极管

6.3.1 稳压管

稳压管是一种特殊的半导体二极管,专为在电路中稳定电压设计,其图形符号如图6-13

所示。

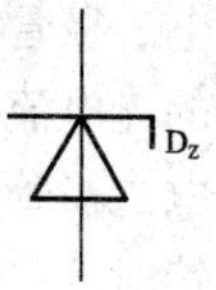

稳压二极管的伏安特性与普通二极管基本相似,其主要区别是稳压管的反向击穿特性曲线比普通二极管更陡。

稳压管通过专门设计,与一般二极管有两个不同,一是稳压管的工作区间就是反向击穿区。稳压管的反向击穿电压一般比较低,当反向电压增高到击穿电压时,反向电流突然剧增,稳压管反向击穿,但稳压管两端的电压变化很小。故它的反向击穿电压就是稳压值。二是稳压二极管的反向击穿是可逆的。当外加电压去掉后,稳压管又恢复常态,故它可长时间工作在反向击穿区而不致损坏。

图 6-13 稳压二极管

稳压二极管的主要参数:

(1)稳定电压 U_Z

稳定电压就是稳压管在正常工作时管子两端的电压。电子器件手册上给出的稳定电压值是在规定的工作电流和温度下测试出来的,由于制造工艺的分散性,同一型号的稳压管其稳压值可能有所不同,但每一个管子的稳压值是一定的。

(2)稳定电流 I_Z

稳定电流是指当稳压管两端的电压等于稳定电压时,稳压管中通过的反向电流。通常要求稳压管的工作电流要大于或等于 I_Z,从而使电路有较好的稳压效果。

(3)最大稳定电流 I_{ZM}

最大稳定电流是指稳压管的最大允许工作电流,若超过此电流,管子可能会因电流过大造成热击穿而损坏。

(4)动态电阻 r_Z

动态电阻是指稳压管正常工作时,其电压的变化量与相应的电流的变化量的比值,即:

$$r_Z = \frac{\Delta U_Z}{\Delta I_Z} \tag{6-1}$$

动态电阻越小,说明反向特性曲线越陡,稳压管的稳压性能越好。

(5)最大耗散功率 P_{ZM}

最大耗散功率是指稳压管不致因过热而损坏的最大功率损耗,有:

$$P_{ZM} = U_Z I_{ZM} \tag{6-2}$$

6.3.2 发光二极管

发光二极管(Light Emitting Diode,LED)是一种把电能直接转化成光能的固体发光元件,符号如图 6-14 所示。

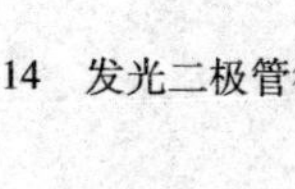

图 6-14 发光二极管符号

发光二极管和普通二极管一样,管芯由 PN 结组成,具有单向导电性。所不同的是,当发光二极管加上正向电压时能发出一定波长的光。

发光二极管可用作电子设备的通断指示灯,数字电路的数码及图形显示,也可作为光源器件将电信号变为光信号,广泛应用于光电检测领域中。

6.3.3 光电二极管

光电二极管和普通二极管一样,管芯由 PN 结组成,具有单向导电性,符号如图 6-15 所示。但光电二极管的管壳上有一个能射入光线的"窗口",入射光透过"窗口"正好射在管芯上。

图 6-15 光电二极管符号

光电二极管工作在反向偏置状态(在 PN 结上加反向电压)时,再用光照射 PN 结,就能形成反向的光电流,光电流的大小与光照射强度成正比。

光电二极管用途很广,一般常用作传感器的光敏元件,进行光的测量。当制成大面积的光电二极管时,可当作一种能源,称为光电池。

6.4 直流稳压电源

很多电子设备都需要用直流电源供电,而直流稳压电源就是将正弦交流电源变换成直流电源。常用的直流稳压电源由电源变压器、整流、滤波和稳压电路四部分组成,其原理框图如图 6-16 所示。

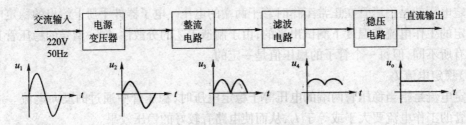

图 6-16 直流稳压电源框图

变压器就是将 220V 的电压变换成所需的交流电压;整流电路的作用是将交流电变换成单向脉动的直流电;滤波电路的作用是将单向脉动的直流电中的脉动成分滤除掉,输出较平滑的直流电;稳压电路的作用就是使输出的直流电保持恒定。

6.4.1 整流电路

整流就是将交流电变换成单向脉动的直流电。整流电路通常是利用二极管的单向导电性来实现。常见的整流电路有单相半波整流电路和单相桥式整流电路。

1) 单相半波整流电路

(1) 电路

电路原理如图 6-17a) 所示。

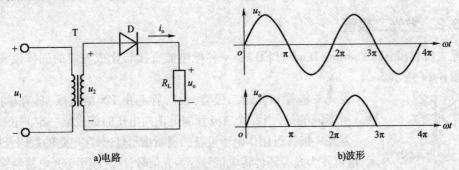

图 6-17 单相半波整流电路

(2) 原理分析

利用二极管的单向导电性,在变压器副边电压 u_2 为正的半个周期内,二极管正向偏置,处于导通状态,负载 R_L 上得到半个周期的直流脉动电压和电流;而在 u_2 为负的半个周期内,二极管反向偏置,处于关断状态,电流基本上等于零。由于二极管的单向导电作用,将变压器副边的正弦交流电压变换成为负载两端的单向脉动电压,达到整流目的,其波形如图6-17b)所示。因为这种电路只在交流电压的半个周期内才有电流流过负载,所以称为单相半波整流电路。

(3)负载平均值的计算

单相半波整流电压的平均值为:

$$U_o = 0.45 U_2 \tag{6-3}$$

负载电流(整流电流的平均值)为:

$$I_o = \frac{U_o}{R_L} = 0.45 \frac{U_2}{R_L} \tag{6-4}$$

(4)二极管的选择

流过二极管的电流平均值与负载电流相等,即:

$$I_D = I_o = 0.45 \frac{U_2}{R_L} \tag{6-5}$$

二极管的最大整流电流 I_{FM} 应大于流过二极管的电流平均值 I_D,$I_{FM} > I_D$。

二极管的最高反向工作电压 U_{RM} 应大于二极管截止时所承受的最大反向电压 U_{DRM},

$$U_{RM} > U_{DRM} = \sqrt{2} U_2 \tag{6-6}$$

(5)单相半波整流电路的优劣

单相半波整流电路的结构简单,成本较低;但其输出直流电压较低、脉动较大,且变压器一半时间未被利用,效率低,只适用于对脉动要求不高的场合。

2)单相桥式整流电路

(1)电路

电路原理如图6-18a)所示。

(2)原理分析

电压、电流波形图如图6-18b)所示。

①$u_2 > 0$ 时,a 点为正,b 点为负。D_1、D_3 同时正向导通,D_2、D_4 截止,导通路径是:$a \to D_1 \to R_L \to D_3 \to b$。此时负载电阻 R_L 上得到一个上正、下负的半波电压,如图6-18b)中的 $0 \sim \pi$ 段所示。

②$u_2 < 0$ 时,D_2、D_4 同时正向导通,而 D_1、D_3 截止,导通路径为:$b \to D_2 \to R_L \to D_4 \to a$。同样在负载电阻上得到一个上正、下负的半波电压。如图6-18b)中的 $\pi \sim 2\pi$ 段所示。

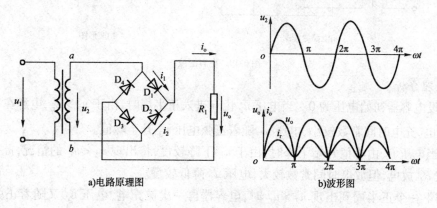

图6-18 单相桥式整流电路

可见：一个周期内 D_1、D_3 与 D_2、D_4 轮流导通,在负载电阻 R_L 上得到的整流电压 u_o 在正、负半周内都有,而且是同一方向。

(3)负载平均值的计算

单相桥式整流电路的整流电压的平均值为：

$$U_o = 2 \times 0.45 U_2 = 0.9 U_2 \tag{6-7}$$

负载电流(整流电流的平均值)为：

$$I_o = \frac{U_o}{R_L} = 0.9 \frac{U_2}{R_L} \tag{6-8}$$

(4)二极管的选择

流过每只二极管的电流平均值为负载电流的一半,即：

$$I_D = \frac{1}{2} I_o = 0.45 \frac{U_2}{R_L} \tag{6-9}$$

二极管的最大整流电流 I_{FM} 应大于流过二极管的电流平均值 I_D,$I_{FM} > I_D$。

二极管的最高反向工作电压 U_{RM} 应大于二极管截止时所承受的最大反向电压 U_{DRM},即：

$$U_{RM} > U_{DRM} = \sqrt{2} U_2 \tag{6-10}$$

(5)单相桥式整流电路的优劣

变压器利用率高,U_o 大、脉动小、使用范围广,但电路较复杂。

6.4.2 滤波电路

电容和电感都是基本的滤波元件。常见的滤波电路有电容滤波电路、电感滤波电路和复式滤波电路。

电容滤波就是与负载并联一个容量足够大的电容,利用电容器的充放电,以减少输出电压的脉动程度。

1)电路图

电容滤波电路如图6-19a)所示。

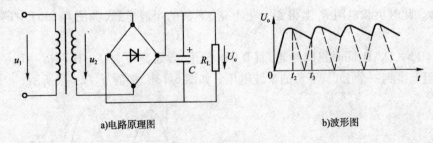

a)电路原理图 b)波形图

图6-19 电容滤波

2)原理分析

(1)设电容器初始电压为 0。当电压 u_2 由 0 进入正半周时,由于 $u_2 > u_C$,电源在对电容器 C 进行充电,充电时间常数较小,电压 u_C 随着正弦电压 u_2 升至峰值。

(2)当电压 u_2 由峰值开始下降时,由于 u_C 下降较慢,将出现 $u_2 < u_C$ 的情况,此时电容 C 通过负载 R_L 放电,但放电时间常数较大,电压 u_C 降低较慢。

直到下一个正半周到出现 $u_2 > u_C$ 时,电容器再一次被充电,电压 u_C 又随着正弦电压 u_2 升至峰值。如此重复。负载得到的是在全周期内都变化不大的平滑直流电,如图6-19b)

所示。

不仅波形脉动程度大大减小,而且负载得到的整流电压数值也提高了。对于桥式整流接电容滤波,一般有:

$$U_o = 1.2 U_2 \tag{6-11}$$

3）电容器的选择

（1）电容值 C。为获得较好的滤波效果,通常选择:

$$\tau = R_L C \geq (3 \sim 5) \frac{T}{2}$$

因此:
$$C \geq (1.5 \sim 2.5) \frac{T}{R_L} \tag{6-12}$$

式中:T——交流电源的周期。

（2）电容耐压值 $\geq \sqrt{2} U_2$。

4）二极管的选择

$$U_{RWM} > U_{DRM} = \sqrt{2} U_2 \tag{6-13}$$

$$I_{FM} > (1.5 \sim 2) I_D \tag{6-14}$$

[例6-1] 有一单相半波整流电路,已知交流电源电压为220V,负载电阻 $R_L = 300\Omega$,要使输出电压 $U_o = 24V$,求整流变压器副边电压 U_2,计算整流二极管通过的电流 I_D 和所承受的最高反相电压 U_{DRM}。

解: 整流二极管通过的电流:

$$I_D = I_o = \frac{U_o}{R_L} = \frac{24}{300} = 0.08(A) = 80(mA)$$

变压器的副边电压:

$$U_2 = \frac{U_o}{0.45} = \frac{24}{0.45} \approx 54(V)$$

二极管承受的最高反向电压:

$$U_{DRM} = \sqrt{2} U_2 = \sqrt{2} \times 54 = 76(V)$$

[例6-2] 有一单相桥式整流电路,要求输出40V的直流电压和2A的直流电流,交流电源电压为220V。试选择整流二极管。

解: 变压器副边电压有效值为:

$$U_2 = \frac{U_o}{0.9} = 1.11 U_o = 1.11 \times 40 = 44.4(V)$$

二极管承受的最高反向电压为:

$$U_{DRM} = \sqrt{2} U_2 = \sqrt{2} \times 44.4 = 62.8(V)$$

二极管的平均电流为:

$$I_D = \frac{1}{2} I_o = \frac{1}{2} \times 2 = 1(A)$$

根据:
$$U_{RWM} > U_{DRM} \qquad I_{OM} > I_D$$

查手册知,可选用2CZ56C型硅整流二极管。其最高反向工作电压 U_{RWM} 为100V,最大整流电流 I_{OM} 为3A。

[例6-3] 有一单相桥式整流电容滤波电路,已知交流电源频率 $f = 50Hz$,负载电阻 $R_L =$

200Ω,要求直流输出电压 $U_o=30\text{V}$,选择整流二极管及滤波电容器。

解:(1)选择整流二极管

$$I_D = \frac{I_o}{2} = \frac{U_o}{2R_L} = \frac{30}{2\times 200} = 0.075(\text{A}) = 75(\text{mA})$$

$$U_2 = \frac{U_o}{1.2} = \frac{30}{1.2} = 25(\text{V})$$

$$U_{DRM} = \sqrt{2}U_2 = \sqrt{2}\times 25 \approx 35(\text{V})$$

根据: $\qquad U_{RWM} > U_{DRM} \qquad I_{OM} > I_D$

查手册知,可选用二极管 2CZ54E,其最高反向工作电压 U_{RWM} 为 100V,最大整流电流 I_{OM} 为 100mA。

(2)选择滤波电容

$$\tau = R_L C = 5\times\frac{0.02}{2} = 0.05(\text{s}), R_L = 200(\Omega)$$

则:
$$C = \frac{\tau}{R_L} = \frac{0.05}{200} = 2.5\times 10^{-4}(\text{F}) = 250(\mu\text{F})$$

根据:电容耐压值 $\geq \sqrt{2}U_2, C\geq (1.5\sim 2.5)\dfrac{T}{R_L}$

因此:选用 $C=250\mu\text{F}$,耐压为 50V 的电容器。

6.4.3 稳压电路

稳压电路也有很多类型,简单的就是硅稳压管稳压电路。

1)硅稳压管稳压电路

图 6-20 由桥式整流电路整流和电容滤波器滤波后得到的直流电压 U_1,经过限流电阻 R 和稳压管 D_Z 组成的稳压电路接到负载电阻 R_L 上。这样,负载上得到的就是一个比较稳定的电压。

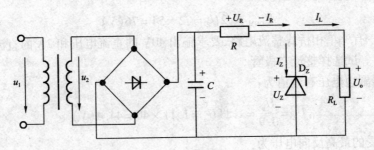

图 6-20 硅稳压管稳压电路

2)原理分析

引起电压不稳定的原因是交流电源电压的波动和负载电流的变化。因此分析时因根据这两种情况对稳压过程进行讨论。

(1)当交流电源电压波动时的稳压过程。

电源电压增加时,U_1 随着增加,负载电压 U_o(U_o 即为稳压管两端的反向压降)也要增加。当负载电压 U_o 稍有增加,稳压管的电流 I_Z 就显著增加,因此电阻 R 上的压降增加,以抵偿 U_1 的增加,从而使负载电压 U_o 保持近似不变。用箭头表示其变化过程如下:

$$U_1\uparrow \to U_\circ\uparrow = U_Z\uparrow \to I_Z\uparrow \to R(I_Z+I_\circ)\uparrow \to U_Z\downarrow = U_\circ\downarrow$$

如果交流电源电压降低而使 U_1 降低时,也有相应的稳压过程。

(2)电源电压保持不变,负载电流变化引起负载电压 $U_\circ$ 改变时的稳压过程。

当负载电流增大时,电阻 R 上的电压增大,负载电压 $U_\circ$ 因而下降。只要 $U_\circ$ 下降一点,稳压管电流就显著减小,通过电阻 R 的电流和电阻上的压降保持近似不变,因此负载电压 $U_\circ$ 也就近似稳定不变。

当负载电流减小时,同样可以维持输出电压基本不变。

3)元件的选取

$$U_Z = U_\circ \tag{6-15}$$
$$I_{ZM} = (1.5 \sim 3)I_{OM} \tag{6-16}$$

6.5　半导体三极管

6.5.1　三极管的结构、符号及类型

半导体三极管又称晶体管,是最重要的一种半导体器件。半导体三极管是在一块很小的半导体基片上,用一定的工艺制作出两个反向的 PN 结,这两个 PN 结将基片分成三个区,从三个区分别引出三根电极引线,再用管壳封装而成。

半导体三极管根据三层半导体的组合方式,分为 PNP 型和 NPN 型。根据基片材料的不同,又可分为锗管和硅管。根据不同的制作工艺、用途等还可分为合金管和平面管、小功率管和大功率管、高频管和低频管等。

半导体三极管的三个区分别称为发射区、基区和集电区。由它们引出的三根引线分别称为发射极 E、基极 B 和集电极 C。发射区与基区间的 PN 结称为发射结,集电区与基区间的 PN 结称为集电结。

发射区用来发射载流子,故其杂质浓度较大;集电区用来收集从发射区发射过来的载流子,故其结面积较大;基区位于发射区与集电区之间,用来控制载流子通过,以实现电流放大作用,其厚度很薄(几个微米),且杂质浓度很低,目的是减小基极电流,增强基极的控制作用。其结构示意图和电路符号如图 6-21 ~ 图 6-23 所示。

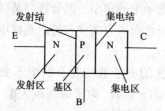
图 6-21　NPN 三极管结构示意图

图 6-22　NPN 三极管符号图

图 6-23　PNP 三极管符号图

6.5.2　三极管的电流放大作用

1)实验电路

为了了解晶体管的电流分配和电流放大作用,我们先做一个实验,实验电路如图 6-24 所

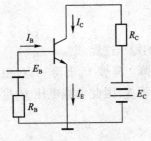

图 6-24 实验电路图

示。基极电源 E_B、基极电阻 R_B、基极 B 和发射极 E 构成输入回路,集电极电源 E_C、集电极电阻 R_C、集电极 C 和发射极 E 构成输出回路。发射极是公共电极,故这种电路称作共发射极电路。

电路中 $E_B < E_C$,电源极性如图 6-24 所示,这样保证了发射结加的是正向电压(正向偏置),集电结加的是反向电压(反向偏置),这是晶体管实现电流放大作用的外部条件。改变可调电阻 R_B,使基极电流 I_B 为不同数值,测出相应的集电极电流 I_C 和发射极电流 I_E,将结果列于表 6-1 中。

实 验 数 据　　　　　　表 6-1

I_B(mA)	0	0.01	0.02	0.03	0.04	0.05
I_C(mA)	≈0.001	0.50	1.00	1.60	2.20	2.90
I_E(mA)	≈0.001	0.51	1.02	1.63	2.24	2.95
I_C/I_B		50	50	53	55	58
$\Delta I_C/\Delta I_B$			50	60	60	70

将表中数据进行比较分析,可得出如下结论:

(1) $I_E = I_B + I_C$,此结果符合基尔霍夫定律。

(2) 通常可认为发射极电流 I_E 约等于集电极电流 I_C,而基极电流 I_B 比 I_C 和 I_E 小很多。

(3) 很小的 I_B 变化可以引起很大的 I_C 变化,也就是说,基极电流对集电极电流具有小量控制大量的作用,这由表中的 $\Delta I_C/\Delta I_B$ 值可以看出。这就是晶体管的电流放大作用(实质是控制作用,晶体管是电流控制元件)。

2) 用晶体管内部载流子的运动规律来解释上述结论

以 NPN 型三极管为例,图 6-25 是晶体管内部载流子运动的示意图。

(1) 发射区向基区发射电子

由于发射结正偏(正向电压),发射区的多数载流子——自由电子在外电场作用下源源不断地越过发射结进入基区,形成发射极电流 I_E。与此同时,基区的多数载流子——空穴也会向发射区扩散,但由于基区杂质浓度很低,空穴很少,因此,可以认为晶体管的射极电流主要是电子流。

(2) 基区中电子的扩散与复合

电子进入基区后,由于靠近发射结附近的电子浓度高于集电结附近的电子浓度,形成电子浓度差。在浓度差的作用下,促使电子在基区中继续向集电结扩散,当扩散到集电结附近时,被集电结电场拉入集电区,形成集电极电流 I_C。与此同时,在扩散过程中,电子中的很小一部分将与基区的空穴相遇而复合。基区中因复合而失去的空穴将由基区电源 E_B 来不断补充,形成基极电流 I_B。

在基区中,扩散到集电区的电子数与复合的电子数的比例决定了晶体管的放大能力。因此,为了提高放大能力,将基区做得很薄,同时,减小其掺杂浓度。

(3) 集电区收集电子

由于集电结加有较大的反向电压,这个反向电压产生的电场将阻止集电区的多数载流子——自由电子向基区扩散,同时将基区中扩散到集电结附近的电子拉入集电区而形成较大的集电极电流 I_C。显然,集电区的少数载流

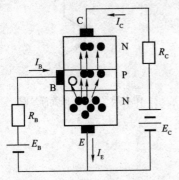

图 6-25 NPN 型晶体管中电子运动示意图

子——空穴也会产生漂移运动,流向基区而形成反向饱和电流 I_{CBO},其数值很小,但对温度却非常敏感。

对于 PNP 型三极管,其工作原理相同,只是晶体管各极所接电源极性相反,发射区发射的载流子是空穴而不是电子。

3)综上所述,可归纳为以下两点

(1)晶体管在发射结正偏、集电结反偏的条件下才具有电流放大作用。

(2)晶体管的电流放大作用,其实质是基极电流 I_B 对集电极电流 I_C 的控制作用。

6.5.3 三极管的伏安特性曲线

晶体管的伏安特性曲线用来表示各电极电流和电压的关系,是分析放大电路的重要依据。我们这里讨论的是共发射极接法时的晶体管伏安特性曲线,简称共射特性。图 6-24 是测试晶体管共射特性的电路图。

由于晶体管有三个电极,输入、输出两个回路,故需要用两组特性曲线来表示,即输入特性曲线和输出特性曲线。

1)输入特性曲线

输入特性曲线是指当集电极—发射极间的电压 U_{CE} 一定时,输入回路中基极电流 I_B 与基极—发射极电压 U_{BE} 之间的关系曲线。其表达式为:

$$I_B = f(U_{BE}) \quad (U_{CE} = 常数)$$

对硅管而言,当 $U_{CE} > 1V$ 时,集电结已反向偏置,且内电场已足够大,可以把从发射区扩散到基区的电子中的绝大多数拉入集电区。如果此时再增大 U_{CE}(保持 U_{BE} 不变),I_B 也就不再明显地减小。就是说,$U_{CE} > 1V$ 后的输入特性曲线基本上是重合的。所以,通常只画出一条输入特性即可,见图 6-26。

从输入特性可以看出:

(1)输入特性是非线性的,与二极管正向伏安特性相似。

(2)输入特性也有一段死区,锗管约为 0.2V,硅管约为 0.5V。

(3)晶体管正常工作时,锗管的 $U_{BE} = 0.2 \sim 0.3V$,硅管的 $U_{BE} = 0.6 \sim 0.7V$。

2)输出特性曲线

输出特性是指晶体管基极电流 I_B 是常数时,输出回路中集电极电流 I_C 与集电极—发射极电压 U_{CE} 之间的关系曲线。其表达式为:

$$I_C = f(U_{CE}) \quad (I_B = 常数)$$

给定一个基极电流 I_B,就对应一条特性曲线,所以输出特性是个曲线族,如图 6-27 所示。

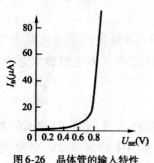

图 6-26 晶体管的输入特性

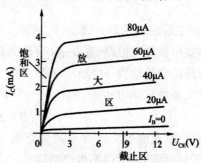

图 6-27 晶体管的输出特性

从输出特性可以看出,曲线的起始部分较陡,这是因为在 U_{CE} 很小时, $U_{CE} < U_{BE}$,集电结正偏,限制基区电子向集电区扩散,故 I_C 很小,但随 U_{CE} 增加而直线上升。当 U_{CE} 略大于 U_{BE} 时,集电结反偏,随 U_{CE} 增加基区电子被吸往集电区的数目越来越多,I_C 继续增大。而当 $U_{CE}>1V$ 时,已基本能把注入基区的电子全部拉入集电区,形成较大的 I_C,U_{CE} 再增加,对 I_C 的影响已不大。因此,这时的输出特性曲线几乎近于水平线。

通常把晶体管的输出特性曲线分为三个工作区。

(1) 放大区

输出特性曲线的近于水平部分是放大区。当发射结正偏、集电结反偏时(对 NPN 型管子来说,就是硅管 $U_{BE}>0.6V$,锗管 $U_{BE}>0.2V$,$I_B>0$,且 $U_{CE}>1V$ 时),三极管工作于放大状态。放大区也称线性区,在此区,I_C 与 I_B 成简单的线性关系。

(2) 截止区

$I_B=0$ 以下的区域称为截止区。$I_B=0$ 时,$I_C=I_{CEO}$(I_{CEO} 称作穿透电流)。对 NPN 型硅管而言,当 $U_{BE}<0.5V$ 时即已开始截止,但是为了可靠截止,常使 $U_{BE}<0$。故晶体管处于截止状态时,其发射结和集电结都是反偏。

(3) 饱和区

当 $U_{CE}<U_{BE}$ 时,集电结处于正偏,晶体管工作于饱和状态。此时,I_B 的变化对 I_C 的影响较小,两者不成正比关系。晶体管饱和时,其发射结和集电结均为正偏。

综上所述,晶体管工作在放大区,具有电流放大作用,常用来构成各种放大电路。晶体管工作在截止区和饱和区,相当于开关的断开和接通,具有开关作用,常用于开关控制和数字电路。

6.5.4 三极管的主要参数

晶体管的性能除用以上的特性曲线表示外,还可用一些参数来表示。晶体管的参数说明了管子的性能和适用范围,可作为设计电路和选用晶体管的依据。其主要的参数如下。

1) 共发射极电路的电流放大系数

它是反映晶体管的电流放大能力的基本参数。

(1) 直流电流放大系数 $\bar{\beta}$(或用 h_{FE} 表示)

对于共发射极放大电路,在静态(无输入信号)情况下,集电极电流 I_C(输出电流)和基极电流 I_B(输入电流)的比值,称为共发射极直流电流放大系数(共发射极静态电流放大系数),即:

$$\bar{\beta} = I_C/I_B$$

(2) 交流电流放大系数 β(或用 h_{fe} 表示)

对于共发射极放大电路,在动态(有输入信号)情况下,基极电流的变化量为 ΔI_B,它引起的集电极电流的变化量为 ΔI_C,ΔI_C 与 ΔI_B 的比值,称为共发射极交流电流放大系数(共发射极动态电流放大系数),用 β 表示,即:

$$\beta = \Delta I_C/\Delta I_B$$

由上述可见,直流电流放大系数与交流电流放大系数的含义不同,但两者的数值较为接近,所以在近似估值时,可以不做严格区分。常用的小功率晶体管,β 为 20~150,选用三极管时 β 值太大稳定性差,β 值太小则电流放大能力弱。

2)极间反向电流

(1)集电极—基极间的反向电流 I_{CBO}

I_{CBO} 是发射极开路时,集电极—基极间的反向电流。它是由集电区的少数载流子在集电结的反向电压作用下漂移运动而产生。I_{CBO} 的大小几乎与外加电压无关,但与温度的关系很大。

良好的晶体管,其 I_{CBO} 值应该是很小的。室温下,小功率锗管的 I_{CBO} 为几微安到几十微安,而小功率硅管的 I_{CBO} 则在 $1\mu A$ 以下,因此,硅管的热稳定性比锗管好。

(2)集电极—发射极间的反向电流 I_{CEO}

I_{CEO} 是基极开路时,集电极—发射极间的反向电流(又称穿透电流),有:

$$I_{CEO} = (1+\beta)I_{CBO}$$

I_{CEO} 是衡量晶体管质量好坏的重要参数之一,其值越小越好。

3)极限参数

(1)集电极最大允许电流 I_{CM}

当集电极电流超过一定值时,晶体管的参数开始发生变化,特别是电流放大系数 β 将下降。使 β 值下降到正常值的 2/3 时的 I_C 值,称为集电极最大允许电流 I_{CM}。当 $I_C > I_{CM}$ 时,并不一定损坏晶体管,但 β 值会显著下降,晶体管性能变坏。

(2)集电极—发射极间的反向击穿电压 $U_{(BR)CEO}$

它是指基极开路时,集电极与发射极之间的最大允许电压。当 $U_{CE} > U_{(BR)CEO}$ 时晶体管的 I_C、I_E 剧增,可能使晶体管击穿损坏。

(3)集电极最大允许耗散功率 P_{CM}

P_{CM} 是指晶体管参数的变化不超过规定的允许值时,集电极上耗散的最大功率。集电极耗散功率 $P_C = I_C U_{CE}$,其值不能超过集电极最大允许耗散功率 P_{CM},即晶体管工作时,应满足 $I_C U_{CE} \leq P_{CM}$。

由 I_{CM}、$U_{(BR)CEO}$、P_{CM} 共同确定三极管的安全工作区。

单元小结

(1)半导体中有两种载流子:自由电子和空穴。P 型半导体中,空穴是多数载流子;N 型半导体中,自由电子是多数载流子。用特殊工艺将 P 型和 N 型半导体结合起来,在其交界处形成 PN 结。PN 结具有单向导电性。

(2)半导体二极管实质上就是一个 PN 结。其工作特性用伏安特性来表示,正向导通但正向电压太小时将有死区,反向截止但反向电压太高时将会击穿。

(3)半导体二极管的主要用途是整流,就是利用半导体二极管的单向导电性将交流电变换成单向脉动的直流电。

(4)半导体三极管有三种工作状态:放大状态、截止状态和饱和状态。

(5)半导体三极管具有电流放大作用,是电流控制型器件。其工作在放大状态时,必须满足发射结正偏,集电结反偏。

思考与练习

(1)本征半导体的导电能力为什么远不如掺杂半导体?

(2)半导体的导电原理和金属导体的导电原理有何不同之处?

(3) PN 结为什么具有单向导电性?

(4) 如图 6-28 所示的各电路中，$E=5V$，$u_i=10\sin\omega t$ V，二极管的正向压降可忽略不计。试画出输出电压 u_o 的波形。

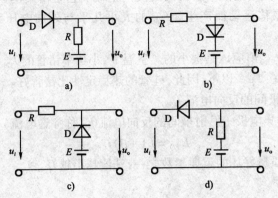

图 6-28

(5) 求如图 6-29 所示的电路中，输出端 F 的电位和各元件(R、D_A、D_B)中通过的电流。二极管的正向压降忽略不计。①$V_A=V_B=0$；②$V_A=V_B=3V$；③$V_A=3V$，$V_B=0$。

(6) 有两只稳压管 D_{Z1} 和 D_{Z2}，其稳定电压值分别为 $U_{Z1}=5.5V$、$U_{Z2}=8.5V$，假设正向压降都是 0.7V。这两只稳压管可得到哪些稳压值? 应如何连接?

(7) 有一单相桥式整流电容滤波电路，已知交流电源频率 $f=50Hz$，负载电阻 $R_L=20\Omega$，要求直流输出电压 $U_o=20V$，选择整流二极管及滤波电容器。

(8) 晶体三极管的发射极和集电极是否可以调换，为什么?

(9) 晶体三极管是由两个 PN 结组成的，是否可以用两个二极管连接组成一个晶体三极管使用? 为什么?

(10) 电路中接有一个三极管，测得它的三个管脚的电位如图 6-30 所示，试判断管子的三个电极，说明是 PNP 型还是 NPN 型? 是硅管还是锗管?

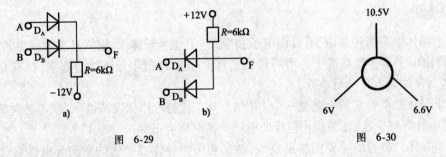

图 6-29　　　　　　图 6-30

(11) 已知某三极管的 $P_{CM}=100mW$，$I_{CM}=20mA$，$U_{(BR)CEO}=15V$，试问在下列情况下，哪种是正常工作? (1) $U_{CE}=3V$，$I_C=10mA$；(2) $U_{CE}=2V$，$I_C=40mA$；(3) $U_{CE}=6V$，$I_C=20mA$。

拓展学习

拓展7　场效应晶体管

场效应晶体管也是一种常用的放大器件，根据结构的不同可分为两大类：结型和绝缘栅场效应管。这里只介绍绝缘栅场效应管。

1) 绝缘栅场效应管

绝缘栅场效应管中,目前应用最广泛的是金属—氧化物—半导体绝缘栅场效应管,简称MOS管。根据沟道的类型分为NMOS和PMOS两种,根据有无原始沟道,又分为耗尽型和增强型两种。

(1) 增强型NMOS

增强型NMOS的结构如图6-31所示。它是以一块掺杂较轻、电阻率较高的P型半导体为基片(衬底),在上面制作出两个高浓度的N型区(N^+),再上面覆盖一层较薄的二氧化硅(SiO_2)绝缘层,在此绝缘层上再喷涂一层铝,引出电极称栅极G。两个N^+区也分别通过电极引出,一端称为源极S,一端称为漏极D。

由于这种场效应管的栅极和基片之间有一层二氧化硅绝缘层,故称为绝缘栅场效应管。或按其结构金属—氧化物—半导体,称为MOS管。

增强型NMOS的工作原理如图6-32所示。电源U_{GG}产生正向栅源电压U_{GS}。此时,栅极电位高,在栅极和衬底之间会产生一个电场。在该电场作用下,自由电子向衬底表面运动,结果在两个N^+区之间的自由电子数目反而超过了空穴,出现了一个N型区,称为反型区,它将两个N^+区连接在一起,形成了一个N型的导电沟道。而增加U_{GS},会使N沟道变宽。

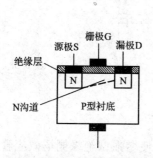

图6-31 增强型NMOS的结构图 　　图6-32 增强型NMOS的工作原理图

若$U_{GS}=0$时,该N型导电沟道不存在(即无原始沟道),称为增强型场效应管。增加U_{GS},则使NMOS管形成反型层产生导电沟道的U_{GS},叫做开启电压$U_{GS(th)}$。

电源U_{DD}产生漏源电压U_{DS},进而产生漏极电流I_D。

电压U_{GS}的大小可控制沟道的宽窄,进而控制电流的I_D大小。

如图6-33、图6-34所示为某增强型NMOS的特性曲线。由图中可看出,该管子的开启电压为$U_{GS(th)}=2V$。它的漏极特性分为可变电阻区、放大区、截止区和击穿区。

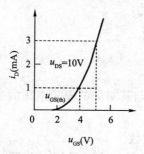
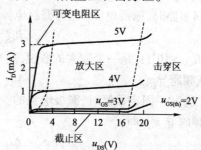

图6-33 增强型NMOS转移特性曲线 　　图6-34 增强型NMOS输出特性曲线

(2) 增强型PMOS

增强型PMOS的结构是在N型衬底上制作两个P^+区,其他与NMOS类似。其工作原理也与 NMOS 类似,区别在于外加电压方向相反。

增强型 NMOS 的电路符号如图 6-35 所示。

增强型 PMOS 的电路符号如图 6-36 所示。

应用 PMOS 和 NMOS 可组成互补 MOS 电路,称为 CMOS 电路。这种 CMOS 电路的功耗极低,有着广泛应用。

(3) 耗尽型 NMOS

耗尽型 NMOS 的结构与增强型 NMOS 相似,区别在于当 $U_{GS}=0$ 时,两个 N^+ 区之间已经有了 N 型导电沟道(即有原始沟道)。故此时,在 U_{DS} 的作用下已经可以产生漏极电流 I_D。而在 U_{GS} 为负时,N 型导电沟道变窄,但仍存在漏极电流 I_D。也就是说,耗尽型 NMOS 可以工作在负栅压、零栅压和正栅压的情况下。因此,耗尽型场效应管使用起来更灵活。耗尽型 NMOS 的电路符号如图 6-37 所示。

(4) 耗尽型 PMOS

耗尽型 PMOS 与耗尽型 NMOS 的结构相似,也有原始沟道。

耗尽型 PMOS 的电路符号如图 6-38 所示。

图 6-35 增强型 NMOS 的电路符号　　图 6-36 增强型 PMOS 的电路符号　　图 6-37 耗尽型 NMOS 的电路符号　　图 6-38 耗尽型 PMOS 的电路符号

2) 绝缘栅场效应管的主要参数

(1) 开启电压 U_T

它是增强型 MOS 管的参数。指 U_{DS} 为某一固定值,使增强型绝缘栅场效应管开始导通的栅源电压最小 U_{GS} 值。

(2) 夹断电压 U_P

它是耗尽型 MOS 管的参数。当 U_{DS} 为某一固定值,使漏极电流 I_D 为零的栅源电压 U_{GS} 称为夹断电压 U_P。

(3) 漏极饱和电流 I_{DSS}

它是耗尽型 MOS 管的参数。当 U_{DS} 为某一固定值,在 $U_{GS}=0$ 时的漏极电流。

(4) 直流输入电阻 R_{GS}

漏源间短路时,栅源电压 U_{GS} 与栅极电流 I_G 之比,即:

$$R_{GS} = U_{GS}/I_G$$

一般 $R_{GS} > 10^9 \Omega$,是一个较大的数值。

(5) 低频跨导 g_m

当 U_{DS} 为某一固定数值时,漏极电流的变化量 ΔI_D 与其对应的栅源电压的变化量 ΔU_{GS} 之比称为低频跨导 g_m,即:

$$g_m = \Delta I_D/\Delta U_{GS} = 常数$$

该参数表示 U_{GS} 对 I_D 的控制能力。低频跨导 g_m 的单位为西门子 S,跨导 g_m 的大小一般在零点几 mS 至十几 mS 之间。

场效应管的参数还有漏源击穿电压 $U_{(BR)DS}$、栅源击穿电压 $U_{(BR)GS}$ 和最大漏极耗散功率

P_{DM} 等。

3) 场效应管和三极管的特点比较

场效应晶体管和晶体三极管都具有较强的放大能力,但其特点有所不同。

(1) 晶体三极管是电流控制器件,用基极电流控制集电极电流;场效应晶体管是电压控制器件,利用栅源电压控制漏极电流。

(2) 场效应管输入端几乎不需电流,输入电阻显然较三极管要高得多。

(3) 三极管的多子与少子均参与导电,是双极型器件;而场效应管是利用多子导电的单极型器件。而多子浓度受温度、光照等外界因素的影响较小,故场效应管的稳定性要好一点。

(4) 场效应管的制造工艺简单,特别适于制造集成电路。

技能训练

实训 5 示波器的原理和使用

1) 实训目的

(1) 了解示波器的主要结构和显示波形的基本原理。

(2) 学会使用示波器和信号发生器。

(3) 学会用示波器观察波形以及测量电压、周期和频率等。

2) 实训器材

双踪示波器、信号发生器等。

3) 示波器的基本原理

示波器能够简便地显示各种电信号的波形,一切可以转化为电压的电学量和非电学量及它们随时间作周期性变化的过程都可以用示波器来观测,示波器是一种用途十分广泛的测量仪器。

(1) 示波器的基本结构

示波器的主要部分有示波管(示波管主要包括电子枪、偏转系统和荧光屏三部分)、带衰减器的 Y 轴放大器、带衰减器的 X 轴放大器、扫描发生器(锯齿波发生器)、触发同步和电源等,其结构方框图如图 6-39 所示。为了适应各种测量的要求,示波器的电路组成是多样而复杂的。

(2) 示波器显示波形的原理

如果只在竖直偏转板上加一交变的正弦电压,则电子束的亮点将随电压的变化在竖直方向来回运动,如果电压频率较高,则看到的是一条竖直亮线。要能显示波形,必须同时在水平偏转板上加一扫描电压,使电子束的亮点沿水平方向拉开。这种扫描电压的特点是电压随时间成线性关系增加到最大值,最后突然回到最小,此后再重复地变化。这种扫描电压即前面所说的"锯齿波电压"。当只有锯齿波电压加在水平偏转板上时,如果频率足够高,则荧光屏上只显示一条水平亮线。

如果在竖直偏转板上(简称 Y 轴)加正弦电压,同时在水平偏转板上(简称 X 轴)加锯齿波电压,电子受竖直、水平两个方向的力的作用,电子的运动就是两相互垂直的运动的合成。当锯齿波电压比正弦电压变化周期稍大时,在荧光屏上将能显示出完整周期的所加正弦电压的波形图,如图 6-40 所示。

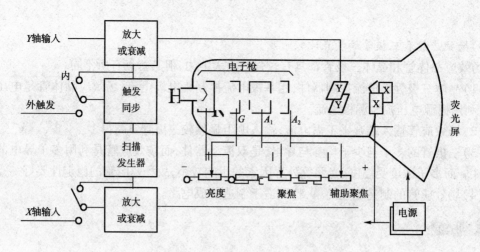

图 6-39 示波器的基本结构图

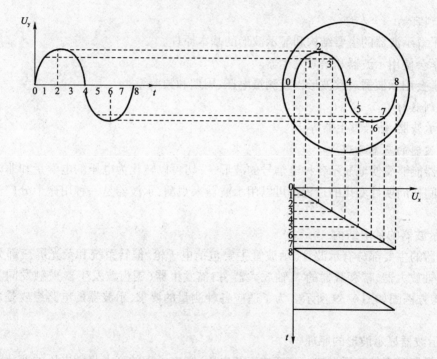

图 6-40 示波器显示波形的原理图

4)实训操作步骤

(1)观察信号发生器波形

将信号发生器的输出端接到示波器任一通道输入端上。

开启信号发生器,调节示波器(注意信号发生器频率与扫描频率),观察正弦波形,并使其稳定。

(2)测量正弦波交流电压

在示波器上调节出大小适中、稳定的正弦波形,选择其中一个完整的波形,先测算出正弦波电压峰—峰值 U_{P-P},即 $U_{P-P}=($垂直距离 DIV$)\times($挡位 V/DIV$)\times($探头衰减率$)$,然后求出正弦波交流电压有效值 $U = U_{P-P}/2\sqrt{2}$。

5)数据记录和处理

将信号发生器上正弦波形的电压值与示波器上测算出的正弦波的电压值填入表6-2。

测 量 结 果　　　　　　　　　表6-2

测量项目	1	2	3	4	5
示波器测量有效电压 $U(V)$					
信号发生器显示电压 $U(V)$					
百分差(%)					

6)思考题

(1)示波器为什么能显示被测信号的波形?

(2)荧光屏上无光点出现,有几种可能的原因?怎样调节才能使光点出现?

(3)荧光屏上波形移动,可能是什么原因引起的?

7)注意事项

(1)掌握所使用的示波器、信号发生器面板上各旋钮的作用后再操作。

(2)为了保护荧光屏不被灼伤,使用示波器时,光点亮度不能太强,而且也不能让光点长时间停在荧光屏的一个位置上。在实验过程中,如果短时间不使用示波器,可将"辉度"旋钮调到最小,不要经常通断示波器的电源,以免缩短示波管的使用寿命。

(3)示波器上所有开关与旋钮都有一定强度与调节角度,使用时应轻轻地缓缓旋转,不能用力过猛或随意乱旋转。

实训6　整流、滤波、稳压电路的安装和测试

1)实训目的

(1)掌握桥式整流电路的连接与测试。

(2)掌握电容滤波电路的连接与测试。

(3)掌握稳压二极管稳压电路的连接与测试。

2)实训器材

数字/模拟综合实验箱、双踪示波器、万用表等。

3)实训原理

电子设备很多都需要直流电源供电。这些直流电除了少数直接利用干电池和直流发电机外,大多数是采用把交流电(市电)转变为直流电的直流稳压电源。

直流稳压电源由电源变压器、整流、滤波和稳压电路四部分组成,其原理框图如图6-41所示。

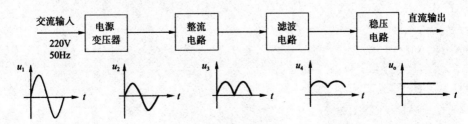

图6-41　直流稳压电源框图

4)实训内容

(1)选择适当元件按图6-42所示的电路连接,认真检查,注意连接的正确性。

(2)利用示波器,测出变压后电压波形、整流波形、滤波波形、稳压波形,记录并对波形进行对比验证。

(3)稳压电路的测试

用万用表测空载时的输出电压 U_o。

连接不同的负载电阻,测输出电压 U_o。

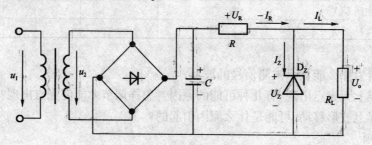

图6-42 稳压管稳压电路

5)实训总结

(1)对所测结果进行全面分析,总结桥式整流、滤波、稳压电路的特点。

(2)分析讨论实验中出现的故障及其排除方法。

单元 7

放大电路基础

知识目标

掌握放大电路的构成、原理和分析方法,了解反馈和耦合的基本知识,掌握集成运放的构成、原理、分析方法和基本应用等。

7.1 共发射极放大电路

7.1.1 基本交流电压放大电路

晶体三极管的主要用途之一就是利用其电流放大作用来组成放大电路。所谓放大电路,就是指把微弱的电信号不失真(或在规定的失真范围内)地放大为较强的电信号的电子电路。放大电路的种类很多,基本交流电压放大电路是一种最简单的放大电路,也是复杂电子电路的基础。

1) 电路的组成

基本交流电压放大电路(共发射极基本放大电路)的电路图如图 7-1 所示。

电路中各元器件的作用如下。

(1) 晶体管 V:晶体管是放大电路的核心器件,工作在放大状态,起电流放大作用。

(2) 直流电源 U_{CC}:电源有两个作用,一是给晶体管一个合适的工作状态(保证发射结正偏,集电结反偏),二是为放大电路提供能量。

(3) 基极电阻 R_b:又称基极偏置电阻,它使电源 U_{CC} 给晶体管提供一个合适的基极电流 I_B(又称偏置电流),保证晶体管工作在合适的状态。取值范围在几十千欧到几百千欧。

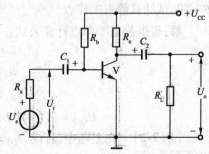

图 7-1 基本交流电压放大电路

(4) 集电极电阻 R_c:作用是把晶体管放大的电流信号转换为电压信号。它的取值范围一般在几千欧到几十千欧。

(5) 耦合电容 C_1 和 C_2:起隔直流通交流的作用。交流信号从 C_1 输入,经过放大以后从 C_2

输出。同时，C_1 把晶体管的输入端与信号源、C_2 把输出端和负载之间的直流通路隔断。一般耦合电容 C_1 和 C_2 选用电解电容，使用时注意极性的区分。

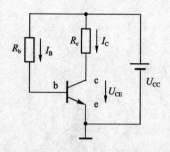

图 7-2 基本交流电压放大电路的直流通路

2) 静态工作点与静态分析

(1) 静态工作点的建立

无交流信号输入时，放大电路的工作状态称为静态。此时放大电路各支路的电压和电流都是直流量。我们把直流电流通过的路径称为直流通路。图 7-2 为基本交流电压放大电路的直流通路。

这时晶体管的直流电压 U_{BE}、U_{CE} 和对应的直流电流 I_B、I_C 统称为静态工作点 Q，通常写成 U_{BEQ}、U_{CEQ}、I_{BQ}、I_{CQ}。静态分析就是要确定放大电路没有输入交流信号时，三极管各极的电流和电压值。

(2) 静态工作点的计算（估算法）

$$U_{BEQ} = \begin{cases} 0.7\text{V} \ \text{硅管} \\ 0.3\text{V} \ \text{锗管} \end{cases}$$

$$I_{BQ} = \frac{U_{CC} - U_{BEQ}}{R_b} \approx \frac{U_{CC}}{R_b} \quad （若 U_{BEQ} << U_{CC}） \tag{7-1}$$

$$I_{CQ} = \beta I_{BQ} \tag{7-2}$$

$$U_{CEQ} = U_{CC} - R_c I_{CQ} \tag{7-3}$$

(3) 静态工作点 Q 设置的意义和调整方法

晶体管工作在放大状态的条件：发射结加正偏电压，集电结加反偏电压，并且各极都有合适的直流电流和直流电压。

静态工作点 Q 合适与否关系到晶体管是否全部工作在放大区内，关系到放大信号被放大后是否会出现波形失真。Q 点设置过低，I_{BQ} 太小，晶体管进入截止区，造成截止失真。Q 点设置过高，I_{BQ} 太大，晶体管易进入饱和区，造成饱和失真。一般通过调整基极偏置电阻 R_b 的阻值来达到调整静态工作点 Q 的目的。

[例 7-1] 在基本交流电压放大电路（图 7-1）中，设 $U_{CC} = 12\text{ V}$，$R_b = 200\text{k}\Omega$，$R_c = 2.4\text{k}\Omega$，$\beta = 50$，试计算静态工作点。

解：根据静态工作点计算公式：

$$I_{BQ} = \frac{U_{CC} - U_{BEQ}}{R_b} \approx \frac{U_{CC}}{R_b} = \frac{12}{200 \times 10^3}\text{A} = 60(\mu\text{A})$$

$$I_{CQ} = \beta I_{BQ} = 50 \times 60\mu\text{A} = 3\text{mA}$$

$$U_{CEQ} = U_{CC} - R_c I_{CQ} = 12 - 2.4 \times 10^3 \times 3 \times 10^{-3} = 5.8(\text{V})$$

[例 7-2] 在上题中，若设 $U_{CC} = 12\text{V}$，$R_c = 2\text{k}\Omega$，$\beta = 50$，要求 $I_{CQ} = 4\text{mA}$；问偏置电阻 R_b 取值多大？

解：

$$I_{BQ} = \frac{I_{CQ}}{\beta} = \frac{4 \times 10^{-3}}{50} = 80(\mu\text{A})$$

则

$$R_b \approx \frac{U_{CC}}{I_{BQ}} = \frac{12}{80 \times 10^{-6}} = 150(\text{k}\Omega)$$

3）动态分析

放大电路的输入端加入交流信号 u_i 时的状态称为动态。

(1) 放大电路的放大原理

基本交流电压放大电路的电路图见图 7-1,放大原理如下。

①输入交流信号 u_i 经过耦合电容 C_1 加到三极管基极 b 和发射极 e 之间,与静态基极直流电压 U_{BEQ} 叠加得:

$$u_{BE} = U_{BEQ} + u_i$$

式中:U_{BEQ}——直流分量;
　　　u_i——交流分量。

调整静态工作点适当,使叠加后的总电压为正且大于晶体管的导通电压,使晶体管工作在放大状态。

② u_{BE} 使晶体管出现对应的基极电流 i_B,i_B 是 I_{BQ} 和 i_b 叠加形成的,即:

$$i_B = I_{BQ} + i_b$$

③集电极电流受基极电流控制,所以集电极总电流为:

$$i_C = \beta i_B = \beta(I_{BQ} + i_b) = \beta I_{BQ} + \beta i_B = I_{CQ} + i_c$$

可以看出,集电极电流也是由静态电流 I_{CQ} 和信号电流 i_c 叠加形成的。

④ i_C 的变化引起晶体管集电极和发射极之间总电压 u_{CE} 的变化,u_{CE} 也是由静态电压 U_{CEQ} 和信号电压 u_{ce} 叠加而成的,即:

$$u_{CE} = U_{CEQ} + u_{ce}$$

在集电极回路中,电压关系为 $U_{CC} = R_c i_c + u_{CE}$,其中 $R_c i_c$ 是集电极总电流在 R_c 的电压降,所以:

$$\begin{aligned} u_{CE} &= U_{CC} - R_c i_c = U_{CC} - R_c(I_{CQ} + i_c) \\ &= U_{CC} - R_c I_{CQ} - R_c i_c = U_{CEQ} - R_c i_c \end{aligned}$$

由以上 u_{CE} 的两个式子比较可得:

$$u_{ce} = -R_c i_c$$

⑤由于电容 C_2 的隔直流、通交流的作用,只有交流信号电压 u_{ce} 才能通过 C_2 并从输出端输出,所以输出电压为:

$$u_o = u_{ce} = -R_c i_c$$

输出电压 u_o 与 u_i 反相,这种特性称为共发射极放大电路的反相作用。

上述各极电流和电压的波形图如图 7-3 所示。

结论:放大电路工作在动态时,同时存在着直流分量和交流分量,这个直流分量就是设置的所谓静态工作点。只有当直流分量的值大小合适,在整个信号周期内才能保证晶体管工作在放大状态,信号才不失真。

(2) 放大电路的动态性能指标

在动态时,如果输入的交流信号幅度很小,交流小信号仅在三极管特性曲线静态工作点附近做微小变化,三极管的输入、输出各变量之间近似呈线性关系,这样可以用线性等效电路等效非线性的三极管,称作三极管的微变等效电路。显然,微变等效电路只适用于低频小信号交流分量的动态技术指标的计算,它的前提是放大器已经设置好了静态工作点。

①三极管的微变等效电路

NPN 型三极管的微变等效电路如图 7-4b) 所示。晶体管的输入端加入交流信号 u_i 时,在其基极将产生相应的变化电流 i_b，如同在一个电阻上加交流电压而产生交流电流一样。因此晶体管的输入端 b、e 之间用一个等效电阻代替，这个电阻称为三极管的输入电阻 r_{be}，对于低频小功率三极管，其大小可以用下面的近似公式计算：

$$r_{be} = r_b + (1+\beta)\frac{26(\text{mV})}{I_{EQ}(\text{mA})}(\Omega) \tag{7-4}$$

式中：r_b——晶体管基区电阻，一般为 $200\sim300\Omega$。

可以看出，r_{be} 与静态电流 I_{EQ} 有关。值得注意的是，r_{be} 是三极管 b、e 之间的交流等效电阻，而不是直流电阻。

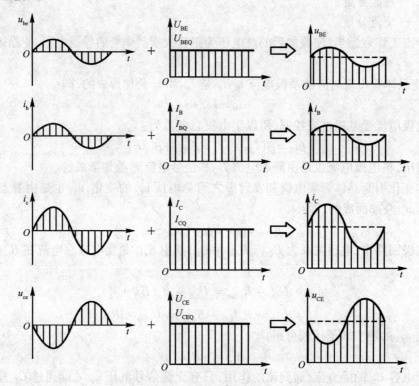

图 7-3 放大电路各极电流和电压波形图

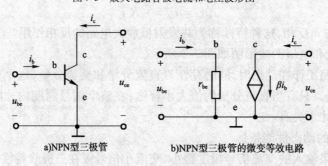

图 7-4 三极管的微变等效电路

② 放大电路的交流通路

在画交流通路时，应将放大电路中的耦合电容、直流电源的两端视为短路。图 7-5b) 为基本交流电压放大电路的交流通路，此时电路中的电压电流均为交流成分，放大电路的交流负载电阻为 R'_L，有 $R'_L = R_C // R_L$。

由基本交流电压放大电路的交流通路可以看出，信号的输入和输出均通过发射极，故基本交流电压放大电路属于共发射极放大电路。

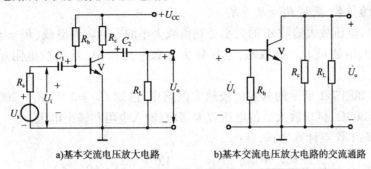

a) 基本交流电压放大电路　　b) 基本交流电压放大电路的交流通路

图 7-5　交流通路

③放大电路的交流微变等效电路

用三极管的微变等效电路来代替交流通路中的三极管，即得出放大电路的交流微变等效电路，如图 7-6 所示。

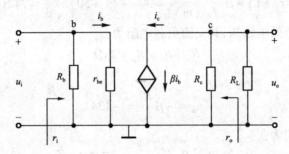

图 7-6　基本交流电压放大电路的交流微变等效电路

放大电路的动态分析就是研究在正弦波信号作用下，放大电路的输入电阻、输出电阻和电压放大倍数等。

④输入电阻 R_i

从信号的输入端看进去，可以将放大电路看成一个等效电阻，即放大电路的输入电阻。由共射放大电路的交流微变等效电路可得：

$$R_i = R_b /\!/ r_{be} \tag{7-5}$$

输入电阻越高，说明放大电路从信号源获得的电压信号也越多。故对电压放大器，我们希望提高其输入电阻，以增强其从信号源获得信号的能力。

⑤输出电阻 R_o

从放大电路的输出端看进去的交流等效电阻，就是放大电路的输出电阻。由共射放大电路的交流微变等效电路可得：

$$R_o = R_c \tag{7-6}$$

输出电阻越小，说明放大电路传递给负载的电压越大。故对电压放大器，我们希望减小其输出电阻，以增强放大电路带负载的能力。

⑥电压放大倍数 A_u

$$u_i = i_b r_{be}$$
$$u_o = -i_c R_L'$$

$$A_u = \frac{u_o}{u_i} = \frac{-i_c R'_L}{i_b r_{be}} = -\beta \frac{R'_L}{r_{be}} \tag{7-7}$$

式中：R'_L——交流负载，满足 $R'_L = R_c /\!/ R_L$。

由上式看出，电压放大倍数 A_u 的大小受到负载大小的影响。当空载（$R_L = \infty$）时，有 $R'_L = R_c$，此时电压放大倍数最大。有载时，电压放大倍数一定减小，且负载电阻越小，放大倍数越小。

[**例 7-3**] 如图 7-1 所示的共发射极放大电路中，已知 $U_{CC} = 12V$，$R_b = 200k\Omega$，$R_c = R_L = 4k\Omega$，$\beta = 50$，$r_b = 300\Omega$，试求放大器的电压放大倍数、输入电阻和输出电阻。

解：根据静态工作点计算公式，有：

$$I_{BQ} = \frac{U_{CC} - U_{BEQ}}{R_b} \approx \frac{U_{CC}}{R_b} = \frac{12}{200 \times 10^3}(A) = 60(\mu A)$$

$$I_{EQ} \approx I_{CQ} = \beta I_{BQ} = 50 \times 60(\mu A) = 3(mA)$$

三极管的输入电阻为：

$$r_{be} = r_b + (1+\beta)\frac{26(mV)}{I_{EQ}(mA)} = 300 + (1+50) \times \frac{26}{3} \approx 742(\Omega)$$

由放大器的微变等效电路知，其交流负载电阻为：

$$R'_L = R_c /\!/ R_L = 2k\Omega$$

电压放大倍数为：

$$A_u = -\beta \frac{R'_L}{r_{be}} = -134$$

放大器的输入电阻为：

$$R_i = R_b /\!/ r_{be} \approx r_{be} = 742\Omega$$

输出电阻为：

$$R_o = R_c = 4k\Omega$$

7.1.2 分压式偏置放大电路

基本交流电压放大电路的结构虽然比较简单，但在电路工作时，由于环境温度变化、电源电压波动或晶体管老化等因素的影响，会导致电路的静态工作点 Q 发生变化，从而引起输出信号产生失真。

而经过改进的分压式偏置放大电路，就是一种静态工作点稳定性很高的放大电路。

1）电路的组成

分压式偏置放大电路的电路如图 7-7 所示。

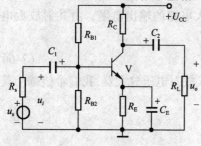

图 7-7 分压式偏置放大电路

电路中各元件的作用如下。

U_{CC}（直流电源）：发射结正偏，集电结反偏；向负载和各元件提供能量；

V（三极管）：电流放大作用；

C_1、C_2（耦合电容）：隔直流、通交流；

R_{B1}、R_{B2}（基极偏置电阻）：提供合适的基极电流；

R_C（集电极电阻）：将电流信号转换成电压信号；

R_E（发射极电阻）：稳定静态工作点"Q"；

C_E(发射极旁路电容):短路交流,消除 R_E 对电压放大倍数的影响。

2)稳定静态工作点原理

断开放大电路中的所有电容,即得到直流通路,如图7-8所示。为了提高静态工作点的稳定性,通常要求满足:

$$I_1 = (5\sim 10)I_{BQ}, U_{BQ} = (5\sim 10)U_{BEQ}$$

工作点 Q 不稳定的主要原因:U_{CC} 波动,管子老化,温度变化等。

稳定静态工作点 Q 的原理:

假设环境温度升高,导致静态工作点 Q 升高,I_C 增大,I_E 增大,U_E 增大。而由于 $I_1 = (5\sim 10)I_{BQ}$,则有 $I_1 \approx I_2$,基极电位 $U_B = \dfrac{R_{B2}}{R_{B1}+R_{B2}}U_{CC}$,与温度基本无关。所以 U_B 不随温度变化,是一定值,则当 U_E 增大时,导致 U_{BE} 减小,I_B 减小,因而 I_C 减小。故静态工作点 Q 并没有随温度升高而发生变化。

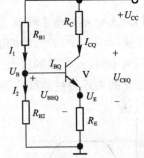

图7-8 分压式偏置放大电路的直流通路

求静态工作点 Q:

$$U_{BQ} = \frac{R_{B2}}{R_{B1}+R_{B2}}U_{CC} \tag{7-8}$$

$$I_{CQ} \approx I_{EQ} = \frac{U_{BQ}-U_{BEQ}}{R_E} \tag{7-9}$$

$$I_{BQ} = \frac{I_{CQ}}{\beta} \tag{7-10}$$

$$U_{CEQ} = U_{CC} - I_{CQ}(R_C+R_E) \tag{7-11}$$

3)性能指标分析

将放大电路中的 C_1、C_2、C_E 短路,电源 V_{CC} 短路,得到交流通路,然后用三极管的微变等效电路来代替交流通路,便得到放大电路的交流微变等效电路如图7-9所示。

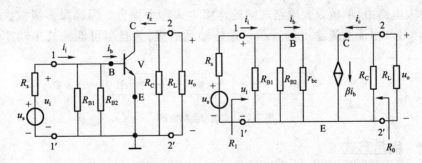

a)分压式偏置放大电路的交流通路　　b)分压式偏置放大电路的微变等效电路

图7-9 分压式偏置放大电路的交流通路和微变等效电路

(1)电压放大倍数

$$A_u = \frac{u_o}{u_i} = \frac{-i_c R_L'}{i_b r_{be}} = -\beta \frac{R_L'}{r_{be}} \tag{7-12}$$

式中:

$$R_L' = R_C /\!/ R_L$$

(2)输入电阻

$$R_i = R_{B1} /\!/ R_{B2} /\!/ r_{be} \tag{7-13}$$

(3) 输出电阻

$$R_o = R_C \tag{7-14}$$

4) 放大电路的频率特性

在实际应用中，放大器的输入信号往往不是单一频率的，而是含有不同频率的谐波信号。在不同频率时，放大器的放大倍数以及输入与输出电压的相位差也是不相同的。放大倍数随频率变化的关系特性曲线称为频率特性。图 7-10 为放大电路的频率特性。

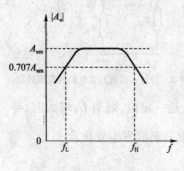

从图 7-10 可以看到，在一个较宽的范围内，曲线是平坦的，即放大倍数不随信号频率变化，这就是中频放大倍数 A_{um}。这一段频率范围称为中频段，通常所说放大器的放大倍数就是指这一段频率范围的放大倍数。在高频或低频段，曲线向下倾斜，说明随着频率减小或增大，放大倍数都将下降。当放大倍数下降到中频放大倍数的 0.707 倍时，所对应的频率分别称为下限频率 f_L 和上限频率 f_H。上限频率与下限频率之差称为放大器的通频带 f_{bw}。

图 7-10 放大电路的频率特性

$$f_{bw} = f_H - f_L \tag{7-15}$$

通频带越宽，放大器在放大不同频率信号时，产生的失真就越小。

7.2 多级放大电路

7.2.1 耦合定义

单个晶体管组成的放大电路，放大能力有限。实际应用中，为了满足负载所需要的信号强度，常采用多级放大电路。

多级放大电路框图如图 7-11 所示。

多级放大电路中，单极放大电路之间的连接方式称为耦合。为确保多级放大器正常工作，级间耦合必须保证前级输出信号顺利地传输到后级，并且尽可能地减小功率损耗和波形失真。

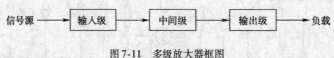

图 7-11 多级放大器框图

7.2.2 耦合方式

多级放大器级间耦合方式有三种类型：阻容耦合、直接耦合和变压器耦合。

1) 阻容耦合方式

两级放大器之间通过电容连接起来，后级的输入电阻充当了前级的负载，故称为阻容耦合，其中电容器称为耦合电容。

阻容耦合的优点是：前级和后级直流通路彼此隔开，各级的静态工作点相互独立，互不影响。这就给分析、设计和调试电路带来很大的方便。此外，阻容耦合还具有体积小、重量轻的优点，因此在多级交流放大电路中得到了广泛应用。

阻容耦合的缺点是：因电容对交流信号具有一定的容抗，在传输过程中信号会受到衰减；

对直流信号(或变化缓慢的信号)容抗很大,不便于传输;另外,在集成电路中,制造大电容很困难,故阻容耦合不利于集成化。

2) 直接耦合方式

将前级放大电路和后级放大电路直接相连的耦合方式称为直接耦合。

直接耦合的优点是:低频特性好,交直流信号均可以通过,且由于没有耦合电容,所以便于集成化。

直接耦合的缺点是:由于前级和后级的直流通路相通,使得各级静态工作点相互影响,因此,直接耦合静态工作点的调试较困难。另外,由于温度变化等原因,使放大电路在输入信号为零时,输出端出现信号不为零的现象,即产生零点漂移。零点漂移严重时将会影响放大器的正常工作,必须采取措施予以解决。

有关直接耦合缺点的克服问题我们将在集成运算放大器中作进一步介绍。

3) 变压器耦合方式

利用变压器将多级放大器前级的输出端与后级的输入端连接起来的方式称为变压器耦合。

变压器耦合的优点是:由于变压器不能传输直流信号,有隔直作用,因此各级静态工作点相互独立,互不影响。变压器在传输信号的同时还能够进行阻抗、电压、电流变换。

变压器耦合的缺点是:体积大、笨重等,不便于实现集成化,所以目前较少采用。

7.3 放大电路中的反馈

7.3.1 反馈的基本概念

1) 反馈

将放大电路输出信号(电压或电流)的一部分或全部,通过一定形式的电路(称作反馈网络)送回到输入回路中,从而影响(增强或削弱)输入信号,这种信号的反送过程称为反馈。输出回路中反送到输入回路的那部分信号称为反馈信号。

反馈放大电路的组成如图 7-12 所示。图中,A 称为基本放大电路,F 表示反馈网络。反馈放大电路由基本放大电路和反馈网络构成一个闭环系统,因此把含有反馈网络的放大电路称为闭环放大电路,而把没有反馈网络的放大电路称为开环放大电路。x_i、x_f、x_{id} 和 x_o 分别表示输入信号、反馈信号、净输入信号和输出信号,它们可以是电压,也可以是电流。图中箭头表示信号的传输方向,由输入端到输出端称为正向传输,由输出端到输入端则称为反向传输。

2) 基本关系式

开环放大倍数 $A = \dfrac{x_o}{x_{id}}$,反馈系数 $F = \dfrac{x_f}{x_o}$

因为 $x_{id} = x_i - x_f$,所以闭环放大倍数:

$$A_f = \frac{x_o}{x_i} = \frac{Ax_{id}}{x_{id} + AFx_{id}} = \frac{A}{1 + AF} \quad (7\text{-}16)$$

$(1 + AF)$ 称为反馈深度。当反馈深度远大于 1 时,为深度负反馈。

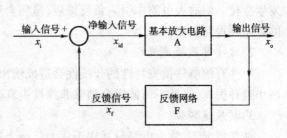

图 7-12 反馈放大电路的组成

7.3.2 反馈的类型

1)反馈的分类

(1)按极性分类——正反馈和负反馈

正反馈:反馈使净输入电量增加,从而使输出量增大,即反馈信号增强了输入信号。

负反馈:反馈使净输入电量减小,从而使输出量减小,即反馈信号削弱了输入信号。

判别方法:瞬时极性法。

步骤:①假设输入信号某一时刻对地电压的瞬时极性;②沿着信号正向传输的路径,依次推出电路中相关点的瞬时极性;③根据输出信号极性判断反馈信号的极性;④判断出正负反馈的性质。

(2)按反馈成分分类——直流反馈和交流反馈

直流反馈:反馈的信号为直流量的反馈。

交流反馈:反馈的信号为交流量的反馈。

交、直流反馈:反馈的信号既有直流量又有交流量的反馈。

(3)按输出端反馈信号的取样方式不同分类——电压反馈和电流反馈

电压反馈:反馈信号取样于输出电压,其判别方法是将输出负载 R_L 短路(或 $u_o = 0$),若反馈消失则为电压反馈。

电流反馈:反馈信号取样于输出电流,其判别方法是将输出负载 R_L 短路(或 $u_o = 0$),若反馈信号仍然存在则为电流反馈。

(4)按输入端反馈信号的比较方式不同分类——串联反馈和并联反馈

串联反馈:在输入端,反馈信号与输入信号以电压相加减的形式出现。

并联反馈:在输入端,反馈信号与输入信号以电流相加减的形式出现。

2)交流负反馈的四种基本反馈类型

将放大器输出端取样方式的不同以及放大器输入端比较方式的不同两个方面组合考虑,交流负反馈放大器可以分为四种基本反馈类型:电压串联负反馈、电流串联负反馈、电压并联负反馈和电流并联负反馈。

7.3.3 负反馈对放大电路性能的影响

因为引入负反馈可以使放大电路的许多性能得到改善,所以放大电路中采用的反馈类型为负反馈。

1)提高放大倍数的稳定性

由于负载和环境温度的变化、电源电压的波动和器件老化等因素,放大电路的放大倍数会发生变化。但放大电路中引入负反馈后,虽然会导致闭环放大倍数的下降,但是会使放大倍数的稳定性得到提高。

2)减小非线性失真

一些有源器件伏安特性的非线性会造成输出信号的非线性失真。加入负反馈以后,可以减小这种失真,当然不可能完全消除非线性失真。

3)扩展通频带

通常情况下,放大电路只适用于放大某一个特定频率范围内的信号,而该频率范围就是通频带。通频带用于衡量放大电路对不同频率信号的放大能力,是放大电路的重要技术指标。

而引入负反馈可以有效地展宽放大电路的通频带。

4) 改变放大电路的输入和输出电阻

(1) 对输入电阻的影响

负反馈对输入电阻的影响取决于输入端反馈信号的比较方式。串联负反馈使输入电阻增大,并联负反馈使输入电阻减小。

(2) 对输出电阻的影响

负反馈对输出电阻的影响取决于输出端反馈信号的取样方式。电压负反馈使输出电阻减小,电流负反馈使输出电阻增大。

7.4 集成运算放大器

运算放大器是一种高电压增益、高输入电阻、低输出电阻的多级直接耦合放大电路。由于具有成本低、体积小、功耗低、性能可靠和通用性强等优点,所以得到广泛应用。

集成运算放大器的特点:

(1) 元器件参数的一致性和对称性好。

(2) 电阻的阻值受到限制,大电阻常用恒流源代替,电位器需外接。

(3) 电容的容量受到限制,电感不能集成,故大电容、电感和变压器均需外接。

(4) 二极管多用三极管的发射结代替。

7.4.1 集成运算放大器简介

1) 集成运算放大器的基本组成

(1) 集成运算放大器的内部电路一般由输入级、中间级、输出级和偏置电路四部分构成,如图 7-13 所示。

输入级:要求输入电阻高、零点漂移小和抑制干扰信号能力强,通常采用带恒流源的差分放大器。

中间级:要求电压放大倍数高,常采用带恒流源的共发射极放大电路。

输出级:与负载相接,要求输出电阻低,带负载能力强,一般由互补对称电路或射极输出器构成。

偏置电路:一般由镜像恒流源等电路组成。

(2) 集成运算放大器的符号

集成运算放大器的符号见图 7-14。

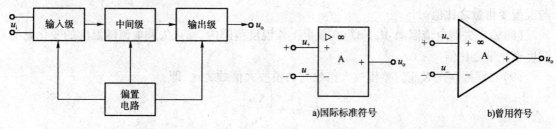

图 7-13 集成运算放大器方框图   图 7-14 集成运放符号

2) 集成运算放大器的基本单元电路

(1) 恒流源电路

恒流源电路能够提供恒定的输出电流,集成运算放大器中常采用镜像电流源这种形式的恒流源电路。

集成运算放大器采用的是直接耦合的方式进行信号传递,但直接耦合的前后级静态工作点会相互影响,从而导致静态工作点的调试较困难。但直接耦合放大电路采用恒流源电路来提供稳定的偏置电流,就可以基本消除这一问题。

恒流源电路具有直流电阻小、交流电阻大的特点,故在集成电路内部广泛使用恒流源电路来充当有源负载。

(2) 差分放大器

集成运算放大器采用的是直接耦合的方式进行信号传递,而直接耦合存在严重的零点漂移。所谓零点漂移是指当放大电路的输入信号为0时,由于受温度变化、电源电压波动等因素影响,静态工作点发生变化,并由于直接耦合被逐级放大,导致输出端产生较大的漂移信号。

差分放大器就是一种能够有效抑制零点漂移的放大电路,在集成电路中被广泛采用。差分放大器由对称的两个基本放大电路组成,有两个输入端,如果在两个输入端加上幅度相等、极性相同的信号,则称为共模信号;如果在两个输入端加上幅度相等、极性相反的信号,则称为差模信号。而差分放大电路仅对差模信号具有放大能力,对共模信号抑制。由于受温度变化、电源电压波动等因素影响产生的零点漂移对差分放大器而言相当于加入了共模信号,所以被抑制。

3) 集成运算放大器的主要参数

(1) 开环差模电压放大倍数 A_{ud}:指集成运算放大器在开环(无外加反馈)条件下,输出电压的变化量与输入电压的变化量之比,即:

$$A_{ud} = \frac{\Delta U_{od}}{\Delta U_{id}}$$

开环差模电压放大倍数的数值较大,一般为 $10^3 \sim 10^7$。

(2) 差模输入电阻 R_{id}:指集成运算放大器在开环条件下,输入差模信号时,运放的输入电阻。数值较大,一般为 $10k\Omega \sim 3M\Omega$。

(3) 开环输出电阻 R_{od}:指运放开环时的输出电阻,一般为 $20 \sim 200\Omega$。

(4) 输入偏置电流 I_{IB}:指静态时,运放两个输入端偏置电流的平均值。输入偏置电流越小,信号源内阻变化引起的输出电压变化也越小。

(5) 输入失调电压 U_{IO}:指输出电压为零时,在输入端所加的补偿电压。

(6) 输入失调电流 I_{IO}:输出电压等于零时,两个输入端偏置电流之差。输入失调电压和输入失调电流都是反映了集成运放的对称程度的。

(7) 输入失调电压温漂 dU_{IO}/dT:在规定工作温度范围内,输入失调电压随温度的变化量与温度变化量之比值。

(8) 输入失调电流温漂 dI_{IO}/dT:在规定工作温度范围内,输入失调电流随温度的变化量与温度变化量之比值。

(9) 共模抑制比 K_{CMRR}:差模放大倍数与共模放大倍数之比,即:

$$K_{CMRR} = \left| \frac{A_{ud}}{A_{uc}} \right|$$

共模抑制比是衡量集成运放对共模信号抑制能力的一项重要指标。

(10) 最大差模输入电压 U_{idm}:运放两输入端能承受的最大差模输入电压。

(11) 最大共模输入电压 U_{icm}:在运放正常工作条件下,共模输入电压的允许范围。

(12) 最大输出电压 U_{OPP}：能使输出和输入保持不失真关系的最大输出电压。

(13) 静态功耗 P_{CO}：输入端短路、输出端开路时所消耗的功率。一般的集成运放静态功耗在几十毫瓦。

4) 电压传输特性

指开环状态下，集成运放的输出电压与输入电压之间的关系曲线，如图 7-15 所示。

线性区：此时，输出电压与输入电压成正比关系，即：

$$u_o = A_{ud}(u_+ - u_-)$$

非线性区：此时，输出电压一定位饱和值。

当 $u_+ > u_-$ 时，$u_o = +U_{o(sat)}$

$u_+ < u_-$ 时，$u_o = -U_{o(sat)}$

5) 理想运算放大器

理想运算放大器是指将各项指标理想化后的集成运放，在分析运算放大器的电路时，一般将它理想化，以使问题简单化。理想化的主要条件有：

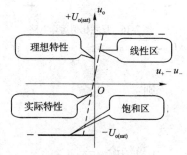

图 7-15 电压传输特性

(1) 开环电压放大倍数　　　　$A_{ud} \to \infty$

(2) 开环输入电阻　　　　　　$R_{id} \to \infty$

(3) 开环输出电阻　　　　　　$R_{od} \to 0$

(4) 共模抑制比　　　　　　　$K_{CMRR} \to \infty$

6) 理想运放工作在线性区的特点

(1) "虚短"

因为 $u_o = A_{ud}(u_+ - u_-)$，由于理想放运的开环放大倍数 $A_{ud} = \infty$，而 u_o 是一个有限值，所以有 $u_+ = u_-$，两输入端就像"短路"一样，但它们又不是真正短路，所以称为"虚短"。

(2) "虚断"

由于理想运放的输入电阻 $r_{id} = \infty$，因此，两输入端均没有电流输入，即 $i_+ = i_- = 0$，两输入端就像"断路"一样，但它们又不是真正断路，所以称为"虚断"。

利用"虚短"和"虚断"这两个重要特点，在分析和处理运算电路时，使过程变得更加简单。

7) 理想运放工作在非线性区（饱和区）的特点

(1) 输出只有两种可能，$+U_{o(sat)}$ 或 $-U_{o(sat)}$。

当　$u_+ > u_-$ 时，$u_o = +U_{o(sat)}$

$u_+ < u_-$ 时，$u_o = -U_{o(sat)}$

不存在"虚短"现象。

(2) $i_+ = i_- = 0$，仍存在"虚断"现象。

7.4.2 集成运算放大器应用

根据集成运算放大器工作区间的不同，其应用分为线性应用和非线性应用。要使集成运算放大器工作在线性区，必须加深度负反馈。当集成运放开环或加正反馈时，工作在非线性区。

线性应用主要包括比例、加减、微分、积分等运算电路。

1) 反相比例运算

(1) 电路

反相比例运算电路如图 7-16 所示。

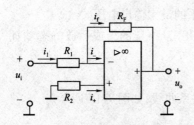

图 7-16 反相比例运算电路

(2)分析

根据"虚短",$u_+ = u_- = 0$,故又称"虚地"。

根据"虚断",$i_+ = i_- = 0$,则 $i_1 = i_f$。

即:

$$\frac{u_i - 0}{R_1} = \frac{0 - u_o}{R_F}$$

得:

$$u_o = -\frac{R_F}{R_1} u_i$$

则:

$$A_{uf} = \frac{u_o}{u_i} = -\frac{R_F}{R_1} \tag{7-17}$$

(3)结论

A_{uf} 为负值,即 u_o 与 u_i 极性相反,故称为反相比例运算电路。

反馈类型为电压并联负反馈。

电阻 R_2 为平衡电阻(补偿电阻),$R_2 = R_1 /\!/ R_F$。

(4)反相器

当 $R_F = R_1$ 时,有 $A_{uf} = -1$,则 $u_o = -u_i$,即输出电压与输入电压大小相等、相位相反,故此时的电路称为"反相器"。

2)同相比例运算

(1)电路

同相比例运算电路如图 7-17 所示。

(2)分析

根据"虚短",$u_+ = u_- = u_i$。

根据"虚断",$i_+ = i_- = 0$,则 $i_1 = i_f$。

即:

$$\frac{0 - u_i}{R_1} = \frac{u_i - u_o}{R_F}$$

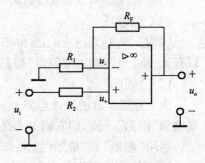

图 7-17 同相比例运算电路

得:

$$u_o = \left(1 + \frac{R_F}{R_1}\right) u_i$$

则:

$$A_{uf} = \frac{u_o}{u_i} = 1 + \frac{R_F}{R_1} \tag{7-18}$$

(3)结论

A_{uf} 为正值,即 u_o 与 u_i 极性相同,故称为同相比例运算电路。

反馈类型为电压串联负反馈。

电阻 R_2 为平衡电阻(补偿电阻),$R_2 = R_1 /\!/ R_F$。

(4)电压跟随器

电压跟随器如图 7-18 所示。当 $R_F = 0$ 或 $R_1 = \infty$ 时,有 $A_{uf} = 1$,则 $u_o = u_i$,故称为"电压跟

随器"。此时的电路与射极输出器具有相同的功能。

3) 反相加法运算电路

(1) 电路

同相加法运算电路如图 7-19 所示。

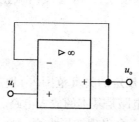
图 7-18 电压跟随器

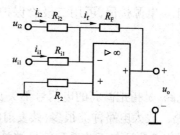
图 7-19 同相加法运算电路

(2) 分析

根据"虚短",$u_+ = u_- = 0$,"虚地"。

根据"虚断",$i_+ = i_- = 0$,则 $i_{i1} + i_{i2} = i_f$。

即:

$$\frac{u_{i1}-0}{R_{i1}} + \frac{u_{i2}-0}{R_{i2}} = \frac{0-u_o}{R_F}$$

得:

$$u_o = -\left(\frac{R_F}{R_{i1}}u_{i1} + \frac{R_F}{R_{i2}}u_{i2}\right) \tag{7-19}$$

电阻 R_2 为平衡电阻(补偿电阻), $R_2 = R_{i1} // R_{i2} // R_F$。

当 $R_F = R_{i1} = R_{i2}$ 时,有 $u_o = -(u_{i1} + u_{i2})$。

7.4.3 使用运算放大器应注意的几个问题

1) 消振

由于集成运放内部的晶体管极间电容或输出端的电容性负载等因素的影响,都有可能导致运放产生自激振荡,破坏运放的正常工作。所谓自激振荡就是在没有输入信号时,输出端就已经存在类似正弦波的高频电压信号,尤其在人体或金属物体接近时更为明显,有时可能使有用的输出信号淹没在高频的自激振荡中。

目前一些运放的内部已设置消振的补偿网络,称为内补偿型。还有一些运放是外补偿型,即需外接 RC 网络破坏振荡条件,以消除自激振荡。

2) 调零

由于集成运算放大器的内部参数不可能完全对称,因此当输入信号为零时,输出端会有一定的输出电压存在。为了提高集成运放的精度,消除因失调电压和失调电流引起的误差,需要对集成运放进行调零。一般采用外接调零电位器进行调节。

3) 保护

(1) 输入端保护

当输入端所加的电压过高时会损坏集成运放,可在输入端加入两个反向并联的二极管,将输入电压限制在二极管的正向压降以内。

(2)输出端保护

为了防止输出电压过大,可利用稳压管来保护,将两个稳压管反向串联,就可将输出电压限制在稳压管的稳压值 U_Z 的范围内。

(3)电源保护

为了防止正负电源接反,可用二极管保护,若电源接错,二极管反向截止,集成运放上无电压。

单元小结

(1)放大电路,是指把微弱的电信号不失真(或在规定的失真范围内)地放大为较强的电信号的电子电路。放大电路种类很多,共发射极放大电路是基本的放大电路。

(2)静态工作点合适与否关系到信号被放大后是否会出现波形失真。静态工作点设置过低,晶体管易进入截止区,造成截止失真。静态工作点设置过高,晶体管易进入饱和区,造成饱和失真。

(3)微变等效电路只适用于低频小信号交流分量的动态技术指标的计算,它的前提是放大器已经设置好了静态工作点。

(4)多级放大器级间耦合方式有三种类型:阻容耦合、变压器耦合和直接耦合。

(5)集成电路中普遍采用的耦合方式是直接耦合。直接耦合的缺点是:各级放大电路的静态工作相互影响,产生零点漂移。而在集成运算放大器中采用恒流源电路和差分放大器来解决这些问题。

(6)放大电路中引入负反馈,使放大电路的许多性能得到改善,如提高放大倍数的稳定性,减小非线性失真,扩展通频带,改变放大电路的输入和输出电阻。

(7)集成运算放大器是一种高电压增益、高输入电阻、低输出电阻的多级直接耦合放大电路,具有成本低、体积小、功耗低、性能可靠和通用性强等优点。

(8)利用"虚短"和"虚断"这两个特点,在分析和处理运算电路时,使过程变得更加简单。

(9)根据集成运算放大器工作区间的不同,其应用分为线性应用和非线性应用。

思考与练习

(1)简要介绍基本交流电压放大电路是由哪些元件构成的,并说明各元器件在电路中起什么作用。

(2)什么是放大电路的静态工作点?为何要设置合适的静态工作点?静态工作点若设置不合适一般如何调整?

(3)为了提高放大电路带负载的能力,一般需要提高放大电路的输出电阻还是减小放大电路的输出电阻?为什么?

(4)放大电路静态工作点不稳定的原因主要有哪些?我们通常采用什么方法来提高静态工作点的稳定性?

(5)如图 7-20 所示的基本交流电压放大电路中,已知 $U_{CC}=12V$,$R_b=300k\Omega$,$R_c=R_L=3k\Omega$,$\beta=50$,$r_b=300\Omega$。试求:①对该电路进行静态分析(即求静态工作点 Q,I_{BQ}、I_{CQ}、U_{CEQ});②对该电路进行动态分析(即求放大器的电压放大倍数 A_u、输入电阻 R_i 和输出电阻 R_o)。

(6)三极管放大电路如图 7-21 所示,已知 $V_{CC}=24V$,$R_{b1}=51k\Omega$,$R_{b2}=10k\Omega$,$R_e=2k\Omega$,$R_c=3.9k\Omega$,$R_L=4.3k\Omega$,三极管的 $U_{BEQ}=0.7V$,$\beta=100$,$r_b=200\Omega$,试求:①求静态工作点 Q

(I_{BQ}、I_{CQ}、U_{CEQ});②画出放大电路的小信号等效电路;③求电压放大倍数 A_u、输入电阻 R_i 和输出电阻 R_o。

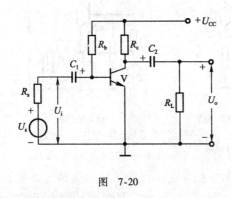
图 7-20

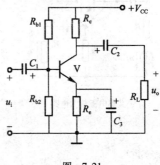
图 7-21

(7)什么是多级放大电路的耦合?常见的耦合方式有哪些?不同的耦合方式各自有哪些优缺点?

(8)什么是反馈?反馈是如何进行分类的?交流负反馈又可分为哪几种类型?

(9)负反馈对放大电路的性能有哪些影响?

(10)什么是零点漂移?集成运算放大器中是如何解决零点漂移问题的?

(11)集成运算放大器的分析中,什么是"虚短"?什么是"虚断"?

(12)试用集成运算放大器实现下列运算功能。设 $R_F = 20\text{k}\Omega$,画出电路图,并计算各电阻的阻值。

① $u_o = -4u_i$;② $u_o = 2u_i$;③ $u_o = 2u_{i1} + \frac{1}{2}u_{i2}$。

拓展学习

拓展8 射极输出器

电路如图7-22a)所示。由图可见,放大电路的交流信号由晶体管的发射极经耦合电容 C_2 输出,故又名射极输出器。

由图7-22c)所示射极输出器的交流通路可见,集电极是输入回路和输出回路的公共端。输入回路为基极到集电极的回路,输出回路为发射极到集电极的回路。所以,射极输出器从电路连接特点而言,为共集电极放大电路。

1)静态分析

图7-22b)为射极输出器的直流通路,由此确定静态值。

$$U_{CC} = I_B R_B + U_{BE} + I_E R_E, \quad I_E = I_B + I_C = (1+\beta)I_B$$

$$\left. \begin{array}{l} I_B = \dfrac{U_{CC} - U_{BE}}{R_B + (1+\beta)R_E} \\[2mm] I_E = \dfrac{U_{CC} - U_{BE}}{\dfrac{R_B}{1+\beta} + R_E} \\[2mm] U_{CE} = U_{CC} - I_E R_E \end{array} \right\} \quad (7\text{-}20)$$

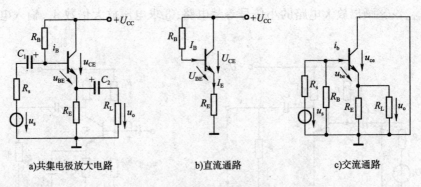

a)共集电极放大电路　　　　b)直流通路　　　　c)交流通路

图7-22　射极输出器电路

2)动态分析

(1)电压放大倍数

射极输出器的电压放大倍数恒小于1,但接近于1。因此,射极输出器也称为电压跟随器。值得指出的是:尽管射极输出器无电压放大作用,但射极电流是基极电流的$(1+\beta)$倍,输出功率也近似是输入功率的$(1+\beta)$倍,所以射极输出器具有一定的电流放大作用和功率放大作用。

(2)输入电阻

射极输出器的输入电阻比共射放大电路的输入电阻要高。射极输出器的输入电阻高达几十千欧到几百千欧。

(3)输出电阻

射极输出器的输出电阻与共射放大电路相比是较低的,一般在几欧到几十欧。

综上所述,射极输出器具有电压放大倍数恒小于1,接近于1,输入、输出电压同相,输入电阻高,输出电阻低的特点;尤其是输入电阻高,输出电阻低的特点,使射极输出器获得了广泛的应用。

3)射极输出器的作用

由于射极输出器输入电阻高,常被用于多级放大电路的输入级。这样,可减轻信号源的负担,又可获得较大的信号电压。这对内阻较高的电压信号来讲更有意义。在电子测量仪器的输入级采用共集电极放大电路作为输入级,较高的输入电阻可减小对测量电路的影响。

由于射极输出器的输出电阻低,常被用于多级放大电路的输出级。当负载变动时,因为射极输出器具有几乎为恒压源的特性,输出电压不随负载变动而保持稳定,具有较强的带负载能力。

射极输出器也常作为多级放大电路的中间级。射极输出器的输入电阻大,即前一级的负载电阻大,可提高前一级的电压放大倍数;射极输出器的输出电阻小,即后一级的信号源内阻小,可提高后一级的电压放大倍数。这对于多级放大电路来讲,射极输出器起了阻抗变换作用,提高了多级放大电路的总的电压放大倍数,改善了多级放大电路的工作性能。

拓展9　电压比较器

电压比较器是集成运放非线性应用电路,它将一个模拟量电压信号和一个参考基准电压相比较,在二者幅度相等的附近,输出电压将产生跃变,相应输出高电平或低电平。比较器可以组成非正弦波形变换电路及应用于模拟与数字信号转换等领域。

常用的电压比较器有过零电压比较器、任意电压比较器和滞回比较器等。

1）过零电压比较器

过零电压比较器是典型的幅度比较电路,它的电路图和传输特性曲线如图7-23所示。

当 $u_i > 0$ 时,$u_o = -U_{o(sat)}$;

当 $u_i < 0$ 时,$u_o = +U_{o(sat)}$。

2）任意电压比较器

将过零比较器的一个输入端从接地改接到一个固定电压值 U_R 上,就得到电压比较器,电路如图7-24所示。

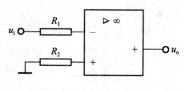

图7-23 过零电压比较器

当 $u_i > U_R$ 时,$u_o = -U_{o(sat)}$;

当 $u_i < U_R$ 时,$u_o = +U_{o(sat)}$。

图7-25所示为输出端接双向稳压管的双向限幅比较器,对输出电压进行双向限幅,使得输出电压不是饱和电压,而是稳压管的稳定电压 U_Z。即:

当 $u_i > R_R$ 时,$u_o = -U_Z$;

当 $u_i < U_R$ 时,$u_o = +U_Z$。

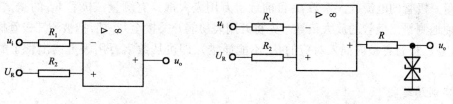

图7-24 固定电压比较器　　　　图7-25 双向限幅比较器

技能训练

实训7 二极管与三极管的识别与检测

1）实训目的

（1）了解二极管与三极管的外观和标示。

（2）掌握二极管的正负极判断。

（3）掌握三极管的电极判断和电流放大系数 β 的测量。

2）实训器材

数字万用表、二极管和三极管各若干。

3）实训内容

（1）二极管的识别与检测

观察外壳上的符号标记。通常在二极管的外壳上标有二极管的符号,带有三角形箭头的一端为正极,另一端是负极。

观察外壳上的色点。在点接触二极管的外壳上,通常标有极性色点（白色或红色）。一般标有色点的一端即为正极。

观察外壳上的色环。色环所在的一端为负极。

用万用表的电阻挡（一般为 R×100 或 R×1k 挡）测二极管的正反向电阻,以阻值较小的一次测量为准,此时黑表笔所接的一端为正极,红表笔所接的一端则为负极。

用万用表的电阻挡测二极管的正反向电阻时,若测量值都很大或都很小,则说明二极管已损坏。若正反向电阻相差不大,则说明此二极管质量较差。

(2) 三极管的识别与检测

观察三极管的外形,可以判断出三极管的发射极、基极和集电极各是哪一个脚。也可用万用表来判别电极。

判定基极:用万用表 R×100 或 R×1k 挡测量三极管三个电极中每两个极之间的正、反向电阻值。当用第一根表笔接某一电极,而第二表笔先后接触另外两个电极均测得低阻值时,则第一根表笔所接的那个电极即为基极 b。这时,要注意万用表表笔的极性,如果红表笔接的是基极 b,黑表笔分别接在其他两极时,测得的阻值都较小,则可判定被测三极管为 PNP 型管;如果黑表笔接的是基极 b,红表笔分别接触其他两极时,测得的阻值较小,则被测三极管为 NPN 型管。

判定集电极 c 和发射极 e:因为三极管发射极和集电极正确连接时 β 大,反接时 β 就小得多。所以先假设一个集电极,将万用表置于 R×100 或 R×1k 挡,对 NPN 型管,发射极接黑表笔,集电极接红表笔。测量时,用手捏住基极和假设的集电极,两极不能接触,若指针摆动幅度大,而把两表笔对调后指针摆动幅度小,则说明假设是正确的,从而确定集电极和发射极。

测量三极管的电流放大系数 β:目前数字万用表大都具有测量三极管 h_{FE} 的测试插孔,可以很方便地测量三极管的放大倍数。先将万用表功能开关拨至 h_{FE} 挡,把被测三极管插入测试插孔(注意三极管各极应插入对应的孔,不能插错),即可从数字万用表上读出管子的电流放大系数 β。

4) 实训总结

根据测试结果,总结二极管和三极管的基本结构和性质。

实训8 基本放大电路的测试与调整

1) 实训目的

(1) 学会放大器静态工作点的调试,分析静态工作点对放大器性能的影响。

(2) 掌握放大器电压放大倍数、输入电阻、输出电阻及最大不失真输出电压的测试方法。

(3) 熟悉常用电子仪器及模拟电路实验设备的使用。

2) 实训器材

双踪示波器,信号发生器,交流毫伏表,直流稳压电源,万用表。

3) 实训内容及步骤

(1) 调整与测量静态工作点,研究工作点改变时对输出波形的影响。

电路条件:电路如图 7-26 所示。取 $E_C = +12V$,$U_i = 10mV$,$f = 1kHz$,空载(即 $R_L = \infty$),$R_c = 3.3k\Omega$。

用示波器先观察一下输入波形是否正常,然后观察输出波形。

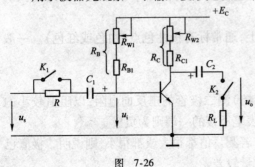

图 7-26

调节 R_{W1},使 I_{BQ} 增大,使三极管的静态工作点接近饱和,记下输出波形和静态工作点的电压,记入表 7-1 第①行(测量静态工作点的电压值时,应去掉 U_i,即 $U_i = 0$,用数字万用表直流电压挡测量)。

调节 R_{W1},使三极管工作在放大区,且输出波形不失真,记下此时的输出波形,并测量静态工作点的电压值,记入表 7-1 第②行。

调节 R_{W1}，使 I_{BQ} 减小，使三极管的静态工作点接近截止，记下输出波形和静态工作点的电压，记入表 1 第③行。

表 7-1

项目	测量值			计算值		输出波形图	判断工作状态
	$U_{BQ}(V)$	$U_{CQ}(V)$	$U_{CEQ}(V)$	U_{BEQ}	U_{CEQ}		
①			≈0				
②			6V 左右				
③			9V 以上				

（2）测量电压放大倍数，研究集电极电阻及负载电阻改变时对电压放大倍数的影响。

电路条件：取 $E_C = +12V$，静态工作点取 $U_{CE} \approx 6V$，输入信号为 10mV，频率为 1kHz，分别改变 R_C 和 R_L（表 7-2）的值，测量输出电压，并记入表 7-2。

表 7-2

项目	电路条件			测量值	计算 A_u
	R_C	R_L	$U_i(mV)$	$U_o(V)$	
①	1kΩ	∞	10		
②	1kΩ	5.1kΩ	10		
③	3.3kΩ	∞	10		
④	3.3kΩ	5.1kΩ	10		

（3）测量放大器的输入电阻 R_i 和输出电阻 R_o。

测量 R_i：输入信号 U_S 从电阻 R 端加入，调节信号发生器的输出电压，使经过附加电阻 R 降低后加到放大器的输入电压仍保持 10mV，此时放大器仍然为正常工作状态（输出不失真）。测量 U_S 和 U_i，计算 R_i。

测量 R_o：可直接利用表 7-2 中的测量结果，分别计算出 $R_C = 1kΩ$ 及 $R_C = 3.3kΩ$ 时的 R_o。

单元 8

门电路与组合逻辑电路

知识目标

了解数字电路的特点,掌握逻辑运算的基本定律和逻辑函数的表示方法。掌握常用逻辑门电路的逻辑符号、逻辑功能和表示方法,了解集成逻辑门电路的特点和应用。掌握组合逻辑电路的分析方法,了解组合逻辑电路的功能和应用。

8.1 数字电路概述

对数字信号进行传输、处理的电子线路称为数字电路。与前面几章所讨论的模拟电路相比,数字电路具有以下特点:

(1)工作信号是二进制的数字信号,在时间上和数值上是离散的(不连续),反映在电路上就是低电平和高电平两种状态(0 和 1 两个逻辑值)。

(2)在数字电路中,研究的主要问题是电路的逻辑功能,即输入信号的状态和输出信号的状态之间的逻辑关系,在数字电路的分析和设计中,所用的数学工具是逻辑代数。

(3)数字电路由几种基本单元电路组成。这些单元电路简单,对内部元件参数要求不高,允许有较大的分散性,只要工作时可靠区分 0 和 1 两个状态即可,使数字电路易于实现集成化。

数字电路的输入信号和输出信号只有两种情况,不是高电平就是低电平,且输出与输入信号之间存在着一定的逻辑关系。若规定高电平为逻辑 1,低电平则为逻辑 0,称为正逻辑关系;反之,若规定高电平为逻辑 0,低电平为逻辑 1,则称为负逻辑关系。本书中如无特别说明,均采用正逻辑关系。

8.1.1 数制和码制

1)常用数制

选取一定的进位规则,用多位数码来表示某个数的值,这就是所谓的数制。日常生活中常用的数制是十进制,也有大量的非十进制计数,例如每七天为一周,时钟转一圈为 12 个小时等。而数字电路中采用的是二进制数,二进制数中只有 0 与 1 两个数字,运算规律简单且实现二进制数的电路装置简单。二进制数的缺点是人们对其使用时不习惯且当二进制位数较多时,书写起来很麻烦,特别是在写错了以后不易查找错误。为此,书写时常采用八进制和十六进制。本节重点介绍不同进制数的相互转换。

(1) 十进制数

十进制数中每一位有 0~9 共十个数码,所以计数的基数为 10。超过 9 就必须用多位数来表示。其中低位和相邻高位之间的关系是"逢十进一",故称为十进制。

在十进制数中,数码的位置不同,所表示的值就不相同,即不同数位有不同数位的"位权",整数部分从低位到高位每位的权依次为 10^0、10^1、10^2、$\cdots$;小数部分从高位到低位每位的权依次为 10^{-1}、10^{-2}、10^{-3}、$\cdots$。因此,一个多位数表示的数值等于每一位数码乘以该位的权,然后相加,如:

$$(345.25)_{10} = 3 \times 10^2 + 4 \times 10^1 + 5 \times 10^0 + 2 \times 10^{-1} + 5 \times 10^{-2}$$

等号右边的表示形式称为十进制数的按权展开式。

根据十进制数的特点,可以归纳出数制包含两个基本要素:基数和位权。

(2) 二进制数

二进制数只有 0 和 1 两个数码,故基数是 2。从低位向高位进位的规则是"逢二进一",即 $1+1=10$(读作"壹零",不是十进制中的"拾")。各位的权为 2 的幂,一个二进制数都可以表示成以基数 2 为底的幂的求和式,即按权展开式,如:

$$(1101.01)_2 = 1 \times 2^3 + 1 \times 2^2 + 0 \times 2^1 + 1 \times 2^0 + 0 \times 2^{-1} + 1 \times 2^{-2}$$

(3) 八进制

八进制采用了 0、1、2、3、4、5、6、7 八个数码,基数是 8,计数按照"逢八进一"的规则进行,各位的权为 8 的幂。按权展开式为:

$$(32.4)_8 = 3 \times 8^1 + 2 \times 8^0 + 4 \times 8^{-1}$$

(4) 十六进制

十六进制采用了 0、1、2、3、4、5、6、7、8、9、A、B、C、D、E、F 十六个数码,其中,A 到 F 表示 10 到 15,基数是 16,计数规则是"逢十六进一"。各位的权为 16 的幂。按权展开式为:

$$(3B.6E)_{16} = 3 \times 16^1 + 11 \times 16^0 + 6 \times 16^{-1} + 14 \times 16^{-2}$$

在计算机应用系统中,二进制主要用于机器内部数据的处理,八进制和十六进制主要用于书写程序,十进制主要用于最终运算结果的输出。

2) 不同进制数的相互转换

(1) 二进制、八进制、十六进制数转换为十进制数

将二进制、八进制、十六进制数转换成十进制数时,只要将它们按权展开,求出相加的和,便得到相应进制数对应的十进制数,如:

$$(10101.11)_2 = 1 \times 2^4 + 0 \times 2^3 + 1 \times 2^2 + 0 \times 2^1 + 1 \times 2^0 + 1 \times 2^{-1} + 1 \times 2^{-2} = (21.75)_{10}$$

$$(265.34)_8 = 2 \times 8^2 + 6 \times 8^1 + 5 \times 8^0 + 3 \times 8^{-1} + 4 \times 8^{-2} = (181.4375)_{10}$$

$$(AC.8)_{16} = 10 \times 16^1 + 12 \times 16^0 + 8 \times 16^{-1} = (172.5)_{10}$$

(2) 十进制数转换为二进制数

将十进制数转换为二进制时,需将十进制数分成整数部分和小数部分来分别进行转换,整数部分采用"除基取余"法,小数部分采用"乘基取整"法,最后将整数部分和小数部分组合到一起,就得到该十进制数转换的完整结果。

[例 8-1] 将 $(25.375)_{10}$ 转换为二进制数。

解:整数部分 25 用"除 2 取余"法,小数部分 0.375 用"乘 2 取整"法。

```
    2 | 25
    2 | 12  ···    余数            0.375
    2 | 6   ···    1            ×    2              整数
    2 | 3   ···    0              0.750    ···   0
    2 | 1   ···    0              0.750
        0   ···    1            ×    2
               ··· 1              1.500    ···   1
                                  0.500
                                ×    2
                                  1.000    ···   1
                                  0.000
```

$$(25.375)_{10} = (11001.011)_2$$

十进制数转换为八进制数和十六进制数,也可采用相同方法,即整数部分"除基取余",小数部分"乘基取整",最后将整数部分和小数部分组合到一起,就得到该十进制数转换的完整结果。

(3) 二进制数与八进制数之间的相互转换

因为三位二进制数恰好有八个状态,所以将二进制数转化为八进制数可以采用"三位一组"法。即整数部分从低位到高位依次将每三位二进制数划分为一组,高位不足三位的前面以 0 补足三位,小数部分从高位到低位也依次将每三位二进制数划分为一组,低位不足三位的后面以 0 补足三位,然后用其等值的八进制数表示,就得到相应的八进制数。

[例 8-2] 将 $(11101110.0101)_2$ 转换为八进制数。

解:
  011 101 110 . 010 100
   3   5   6 . 2   4

即 $(11101110.0101)_2 = (356.24)_8$

将八进制数转换为等值的二进制数,只要将八进制数的每一位分别用三位二进制数表示即可。

[例 8-3] 将 $(143.76)_8$ 转换为二进制数。

解:
   1   4   3 . 7   6
  001 100 011 . 111 110

即 $(143.76)_8 = (1100011.11111)_2$

(4) 二进制数与十六进制数之间的相互转换

将二进制数与十六进制数之间的相互转换的方法同二进制数与八进制数之间的相互转换方法类似,唯一的区别是变"三位一组"为"四位一组"。

[例 8-4] 将 $(1111001110.011)_2$ 转换为十六进制数。

解:
  0011 1100 1110 . 0110
   3   C   E   . 6

即 $(1111001110.011)_2 = (3CE.6)_{16}$

将十六进制数转换为等值的二进制数,只要将十六进制数的每一位分别用四位二进制数表示即可。

[例 8-5] 将 $(7FB.A6)_{16}$ 转换为二进制数。

解:
   7   F   B   . A   6
  0111 1111 1011 . 1010 0110

即 $(7FB.A6)_{16} = (11111111011.1010011)_2$

3) 码制

在数字系统中,可用多位二进制数码来表示数量的大小,也可表示各种文字、符号等,这样的多位二进制数码称为代码。数字电路处理的是二进制数据,而人们习惯使用十进制,所以就产生了用 4 位二进制码表示 1 位十进制数(0~9)的计数方法,这种用于表示十进制数的二进制代码称为二—十进制代码,简称为 BCD 码。4 位二进制码的组合为 $2^4 = 16$,有 16 个数码,要用它表示 10 个数,必然有 6 个是不用的数码。采用不同的组合,可得到不同形式的 BCD 码,常用的 BCD 码有:8421 码、5421 码、余 3 码等,如表 8-1 所示。

常 用 BCD 码 表 8-1

十进制数	8421 码	5421 码	余 3 码
0	0000	0000	0011
1	0001	0001	0100
2	0010	0010	0101
3	0011	0011	0110
4	0100	0100	0111
5	0101	1000	1000
6	0110	1001	1001
7	0111	1010	1010
8	1000	1011	1011
9	1001	1100	1100

(1) 8421 码

8421 码是最为常用的一种编码,它是一种加权码,在用 4 位二进制数码来表示 1 位十进制数时,从高位到低位每位的"权"依次为 8、4、2、1。

(2) 5421 码

5421 码是另一种有权码,它也是由 4 位二进制数的形式来表示一位十进制数,5421 码的每一位数的权依次为 5、4、2、1。

(3) 余 3 码

余 3 码也是 4 位码,与 8421 码相比,对应同样的十进制数,多出 $(0011)_2$,因此称为余 3 码。

8.1.2 基本逻辑运算

1) 基本逻辑关系

逻辑代数是英国数学家乔治·布尔(George Boole)于 1847 年首先提出来的,所以又称为布尔代数。逻辑代数用于描述客观事物的逻辑关系(又称为因果关系),是分析和设计数字电路的基本数学工具。逻辑代数与普通代数相似之处在于它们都是用字母表示变量,用代数式描述客观事物之间的关系,不同的是逻辑代数表示的不是数之间的关系,而是描述客观事物间的逻辑关系,它仅有两种状态即 0 和 1,至于在某个问题上的"0"究竟有什么含义,要随研究对象的不同而定。逻辑代数的运算规则也不同于普通的运算规则,只有三个基本的运算:与运算(逻辑乘)、或运算(逻辑加)、非运算(求反)。实现它们的电路分别称作与门、或门、非门。其他复杂的运算都是在这三种基本的运算基础上演变而来的。逻辑电路中,如果各输入变量

(常用 A、B、C、…表示)的取值确定后,则输出变量(常用 Y 表示)的值也就被确定了。习惯上称 Y 是 A、B、C、…的逻辑函数。下面通过一些简单的例子来解释与、或、非三种基本运算的含义。

(1)与运算

在图 8-1 所示电路中,灯 F 亮(结果发生)的要求是开关 A、B(条件)必须都闭合。

这个例子表明,当决定事件的所有条件都同时具备时,事件结果才会发生。这种因果关系就称为与逻辑,用"·"表示。图 8-1 所示电路中,Y 与 A、B 间的关系即为与逻辑关系,可用 $Y = A \cdot B$ 或 $Y = AB$ 表示。

(2)或运算

图 8-2 所示电路中,当开关 A、B(条件)中有任何一个闭合时,灯就会亮(结果发生)。

这个例子表明,当决定事件的所有条件中,只要有一个或一个以上的条件具备,事件结果就会发生。这种因果关系就称为或逻辑,用"+"表示。图 8-2 所示电路中,Y 与 A、B 间的关系即为或逻辑关系,可用 $Y = A + B$ 表示。

(3)非运算

图 8-3 所示电路中,当开关闭合时,灯不亮(结果不发生),当开关断开时,灯就会亮(结果发生)。

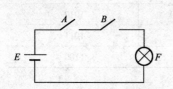
图 8-1 与逻辑的电路图

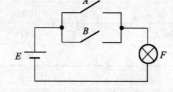
图 8-2 或逻辑的电路图

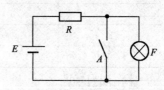
图 8-3 非逻辑的电路图

这个例子表明,当决定事件的条件具备了,事件结果不发生,而当决定事件的条件不具备时,结果则一定发生,这种因果关系就称为非逻辑,用变量上边的"¯"表示。图 8-3 所示的电路中,Y 与 A 间的关系即为非逻辑关系,可用 $Y = \bar{A}$ 表示。

2)逻辑运算的公式、定律

(1)常量运算

$0 \cdot 0 = 0, 0 \cdot 1 = 0, 1 \cdot 0 = 0, 1 \cdot 1 = 1$。

$0 + 0 = 0, 0 + 1 = 1, 1 + 0 = 1, 1 + 1 = 1, \bar{0} = 1, \bar{1} = 0$。

(2)基本运算法则

$0 \cdot A = 0, 1 \cdot A = A, A \cdot A = A, A \cdot \bar{A} = 0$。

$0 + A = A, 1 + A = 1, A + A = A, A + \bar{A} = 1, \bar{\bar{A}} = A$。

(3)运算定律

①交换律

$$AB = BA \qquad A + B = B + A$$

②结合律

$$ABC = (AB)C = A(BC) \qquad A + B + C = (A + B) + C = A + (B + C)$$

③分配律

$$A(B + C) = AB + AC \qquad A + BC = (A + B)(A + C)$$

证明: $(A + B)(A + C) = A + AC + AB + BC$

$$= A[1 + (B + C)] + BC$$
$$= A + BC$$

④ 吸收律

$$A(A + B) = A \qquad A + AB = A$$
$$A(\overline{A} + B) = AB \qquad A + \overline{A}B = A + B$$

证明：
$$A + \overline{A}B = (A + \overline{A})(A + B) = A + B$$

⑤ 反演律（德摩根定律）

$$\overline{AB} = \overline{A} + \overline{B} \qquad \overline{A + B} = \overline{A}\,\overline{B}$$

证明：$\overline{AB} = \overline{A} + \overline{B}$ 见表8-2。

反演律证明表　　　　　　　表8-2

A	B	$\overline{A}$	$\overline{B}$	$\overline{AB}$	$\overline{A} + \overline{B}$
0	0	1	1	1	1
1	0	0	1	1	1
0	1	1	0	1	1
1	1	0	0	0	0

8.2 门 电 路

在模拟信号工作的电路中，各种不同功能的电路都可以看成是由几种基本的电路器件组成的，它们是电阻、电感、电容、二极管和三极管等。在数字信号工作的电路中，各种不同功能的电路也可以看成是由两大类电路器件构成的，一类称为逻辑门电路，另一类称为触发器。本节将介绍一些常用的逻辑门电路。

门电路是指用来实现各种逻辑关系的电路。常用的门电路按逻辑功能可以分为与门、或门、非门、与非门、或非门、与或非门和异或门等。一般的门电路是具有一个或多个输入端和一个输出端的开关电路，输出端的状态是由输入端状态决定的。

8.2.1 基本门电路

1) "与"门

能实现"与"逻辑关系的电路称为"与"门电路，图8-4a)所示的是二极管"与"门电路。A、B是它的两个输入端，F是输出端。

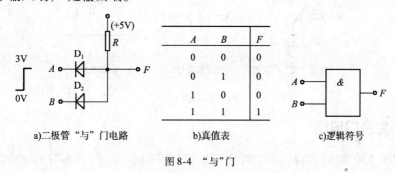

a) 二极管"与"门电路　　b) 真值表　　c) 逻辑符号

图8-4 "与"门

设输入信号的低电平 $U_{IL} = 0V$，高电平 $U_{IH} = 3V$，二极管 D_1、D_2 为理想器件。当两个输入端全为高电平($A=B=1$),即 A、B 电位都是 3V 时,二极管 D_1、D_2 均正向导通,输出端 F 将为高电平 3V,所以 $F=1$。当输入端 A、B 中有一个或两个是低电平,输出端 F 为低电平,即 $F=0$。这种输入端和输出端的逻辑关系和"与"逻辑关系相符,故称作"与"门电路,表达式为 $F=A \cdot B$。

其所有可能的逻辑状态见图 8-4b),称为真值表。逻辑符号见图 8-4c)。

2)"或"门

能实现"或"逻辑关系的电路称为"或"门电路。图 8-5a)所示为二极管"或"门电路,A、B 是它的两个输入端,F 是输出端。

设输入信号的低电平 $U_{IL}=0V$,高电平 $U_{IH}=3V$,二极管 D_1、D_2 为理想器件。当两个输入端全为低电平,即 $A=B=0$ 时,二极管 D_1、D_2 均截止,输出端 F 为低电平 0V,即 $F=0$。当输入端 A、B 中有一个是高电平或全为高电平时,输出端 F 为高电平,即 $F=1$。这种输入端和输出端的逻辑关系和"或"逻辑关系相符,故称作"或"门电路,表达式为 $F=A+B$。

真值表见图 8-5b),逻辑符号见图 8-5c)。

a)二极管"或"门电路　　　　b)真值表　　　　c)逻辑符号

图 8-5 "或"门

3)"非"门

能实现非逻辑关系的电路为"非"门电路,亦称反相器。图 8-6a)所示为三极管"非"门电路,A 为输入端,F 为输出端。

设输入信号的低电平 $U_{IL}=0V$,高电平 $U_{IH}=3V$,三极管此时工作在开关状态。

当输入端 A 为低电平"0"时,三极管工作在截止状态,输出端 F 为高电平,即 $F=1$;当输入端 A 为高电平"1"时,三管已工作在饱和状态,其输出端 F 为低电平,即 $F=0$。所以电路符合"非"逻辑,故称作"非"门电路。表达式为 $F=\bar{A}$。

逻辑符号见图 8-6b),真值表见图 8-6c)。

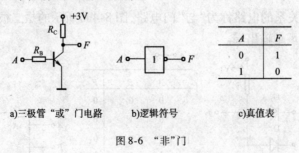

a)三极管"或"门电路　　　b)逻辑符号　　　c)真值表

图 8-6 "非"门

8.2.2 复合门电路

以上介绍了 3 种基本门电路,在实际中可以将"与"门、"或"门、"非"门 3 个基本逻辑电路组合起来,构成多种复合门电路,以实现各种逻辑功能。

1)"与非"门

"与非"门由"与"门和"非"门串联组成,如图 8-7a)所示,其表达式为 $F = \overline{A \cdot B}$。逻辑符号见图 8-7b),真值表见图 8-7c)。

2)"或非"门

"或非"门由"或"门和"非"门电路串联组成,如图 8-8a)所示,其表达式为 $F = \overline{A + B}$。逻辑符号见图 8-8b),真值表见图 8-8c)。

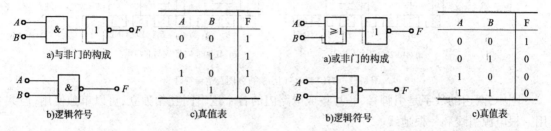

图 8-7 "与非"门　　　　　　图 8-8 "或非"门

3)"与或非"门

"与或非"门是把两个(或两个以上)"与"门的输出端接到一个"或"门的各个输入端,构成一个"与或"门逻辑电路,其后再接一个"非"门,就构成了"与或非"门,如图 8-9a)所示。它的逻辑关系是:输入端分组先"与",然后各组再"或",最后再"非"。"与或非"门的逻辑函数式应为: $Y = \overline{AB + CD}$,逻辑符号见图 8-9b)。

4)"异或"门

"异或"门的逻辑功能是:当两个输入端状态不同(一个为 0,另一个为 1)时,输出端为 1;当两个输入端状态相同(都为 0 或都为 1)时,输出为 0。即:相异出 1,相同出 0。真值表见图 8-10a),逻辑符号见图 8-10b)。其逻辑函数式是: $F = A \oplus B = A\overline{B} + \overline{A}B$

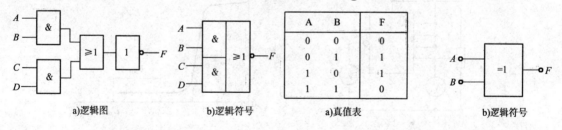

图 8-9 "与或非"门　　　　　　图 8-10 "异或"门

8.2.3 TTL 集成门电路

1)电路构成

TTL 是"晶体管—晶体管逻辑电路"的简称。图 8-11 所示是 TTL 与非门的典型电路,它由五个晶体管、五个电阻及连线制作在一块半导体基片上。

当输入全为 1 时,输出为 0;当输入有一个或一个以上为 0 时,输出为 1。所以该电路为与非逻辑功能,其逻辑表达式为: $F = \overline{A \cdot B}$。

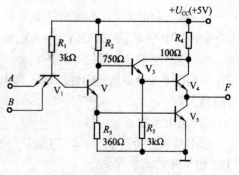

图 8-11 TTL 与非门电路图

2) 常用的 TTL 集成门电路

图 8-12 所示是两种常见的 TTL 与非门的引脚排列图及逻辑符号。

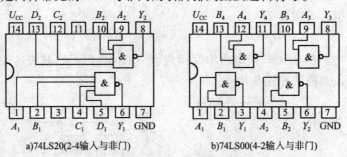

a) 74LS20(2-4输入与非门)　　　b) 74LS00(4-2输入与非门)

图 8-12　TTL"与非"门引脚排列图及逻辑符号

图中,两边的数字是引脚号,一片集成电路内的各个逻辑门互相独立,可以单独使用,但共用一根电源引线和一根地线。

3) TTL"与非"门电压传输特性

电压传输特性是指门电路输入电压 u_i 从零逐渐增加到高电平时,输出电压 u_o 的变化曲线,即 $u_o = f(u_i)$,它表示门电路的输出电压随输入电压变化的规律。电压传输特性可通过实验测得,其测试电路如图 8-13 所示,图中"与非"门的一个输入端接可调直流电源,其余输入端接固定高电平。

图 8-14 所示是 54/74H 系列"与非"门的电压传输特性。由图可见,当 u_i 从零开始增加,在一定范围内输出的高电平基本不变。当 u_i 上升到一定数值(称为阈值电压或门槛电压,通常为 1.4V 左右)后,输出很快下降为低电平。如果 u_i 继续增加,输出低电平基本不变;如果输入电压从大到小变化,输出电压 u_o 将沿曲线作相反变化。

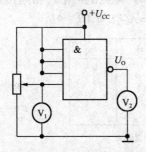
图 8-13　电压传输特性测试原理图

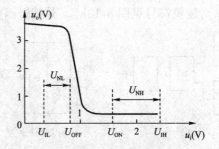
图 8-14　TTL"与非"门的电压传输特性

4) TTL 门的主要参数

(1) 输出高电平 U_{OH} 和输出低电平 U_{OL}

输出高电平 U_{OH} 的典型值为 3.6V,输出低电平 U_{OL} 的典型值为 0.3V。

(2) 开门电平 U_{ON} 和关门电平 U_{OFF}

开门电平 U_{ON} 是指所容许的输入高电平的最小值,关门电平 U_{OFF} 是指所容许的输入低电平的最大值。

(3) 扇出系数 N

扇出系数是指一个"与非"门能带同类门的最大数目,它表示"与非"门带负载的能力。对 TTL"与非"门,通常 $N \geq 8$。

(4) 平均传输延迟时间 t_{pd}

在"与非"门输入端加上一个脉冲电压,则对应的输出电压将有一定的时间延迟,如图 8-15 所示。从输入脉冲上升沿 50% 处起到输出脉冲下降沿 50% 处的时间称为上升延迟时间 t_{pd1};从输入脉冲下降沿 50% 处到输出脉冲上升沿 50% 处的时间称为下降延迟时间 t_{pd2}。t_{pd1} 和 t_{pd2} 的平均值称为平均传输延迟时间 t_{pd},此值越小越好。

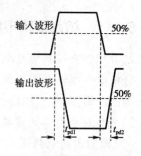

$$t_{pd} = \frac{t_{pd1} + t_{pd2}}{2}$$

图 8-15 表明延迟时间的输入、输出电压的波形

TTL"与非"门的平均传输延迟时间一般为几至几十纳秒。

5) TTL 门电路使用注意事项

(1) TTL 门电路的电源电压应满足在标准值 5V ± 0.5V 的范围内。

(2) TTL 门电路的输出端所接负载不能超过规定的扇出系数。

(3) TTL 门电路的输出端不能直接接地或直接与 5V 电源相连,否则会损坏器件。

(4) TTL 门电路的输出端不能并联使用(OC 门、TSL 门除外),否则会损坏器件。

(5) TTL 门电路的输入端悬空相当于高电平。

(6) TTL 门电路多余输入端的处理方法。对于与门、与非门,多余输入端的处理方法:可以悬空(但抗干扰能力差),可以接高电平,还可以与有用输入端并接。或门、或非门多余输入端的处理方法:接低电平(接地),也可以与有用输入端并接。

8.2.4 CMOS 集成门电路

CMOS 门电路又称互补 MOS 电路。它的开关速度比 TTL 门电路低,但由于其体积小、制造工艺简单,适合大规模集成制造,且电源范围宽、功耗低、扇出系数高、抗干扰能力强等多种优点,使之成为在 TTL 门电路之后出现的一种广泛应用的数字集成电路。

TTL 门电路的使用注意事项,一般对 CMOS 门电路也适用。因 CMOS 门电路容易产生栅极击穿问题,所以要特别注意以下几点:

(1) CMOS 门电路的工作电压范围较宽(+3 ~ +18V),但不允许超过规定的范围。电源极性不能接反。

(2) 避免静电损坏。存放 CMOS 门电路不能用塑料袋,要用金属将引脚短接起来或用金属盒屏蔽。工作台应当用金属材料覆盖并良好接地,焊接时,电烙铁壳应接地。

(3) 输出端不允许直接与电源或地相连,否则将导致器件损坏。

(4) 多余输入端的处理方法。CMOS 门电路的输入阻抗高,易受外界干扰的影响,所以,CMOS 门电路的多余输入端不允许悬空,应根据逻辑要求或接电源(与非门、与门)、或接地(或非门、或门)或与其他输入端并接。

8.3 组合逻辑电路的分析

数字系统中,常用的各种逻辑电路,就其结构、工作原理和逻辑功能而言,可分为两大类,即组合逻辑电路(简称组合电路)和时序逻辑电路(简称时序电路)。所谓组合逻辑电路是指由若干个逻辑门组成的具有一组输入和一组输出的非记忆性逻辑电路,其任意时刻的稳定输出,仅取决于该时刻各个输入信号的取值组合,而与电路原来的状态无关。

8.3.1 组合逻辑电路的分析方法

1) 分析组合逻辑电路的目的

分析组合逻辑电路是为了确定已知电路的逻辑功能,或者检查电路设计是否合理。即根据给定的逻辑图,找出输出信号与输入信号之间的关系,从而确定它的逻辑功能。

2) 分析组合电路的步骤

(1) 根据逻辑电路图写出输出函数的表达式。具体方法:由输入到输出逐级写出每个门的输出表达式,最后一定能推出输出变量对应于输入变量的逻辑函数关系式。

(2) 利用逻辑代数的运算规则对该逻辑函数表达式进行化简或变换。

(3) 列出逻辑状态表。

(4) 说明电路的逻辑功能。

[例8-6] 分析如图8-16所示电路的逻辑功能。

解:(1) 从输入到输出逐级写出逻辑表达式

$$Y_1 = \overline{AB} \quad Y_2 = \overline{BC} \quad Y_3 = \overline{CA}$$
$$Y = \overline{Y_1 Y_2 Y_3} = \overline{\overline{AB} \cdot \overline{BC} \cdot \overline{CA}}$$

(2) 化简并写出最简与或表达式

$$Y = \overline{\overline{AB} \cdot \overline{BC} \cdot \overline{CA}} = AB + BC + CA$$

(3) 列真值表(表8-3)

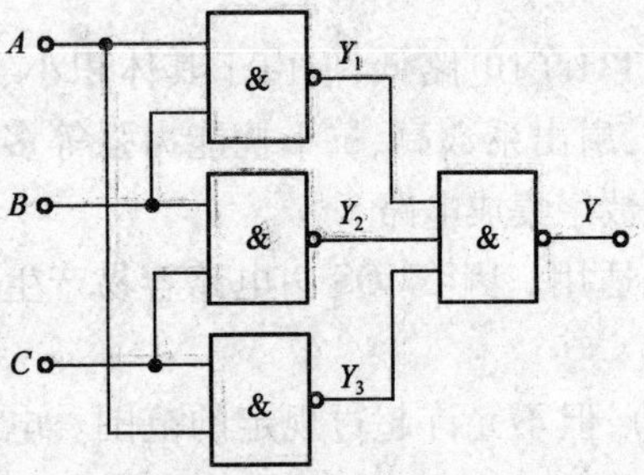

[例8-6] 真值表   表8-3

A	B	C	Y
0	0	0	0
0	0	1	0
0	1	0	0
0	1	1	1
1	0	0	0
1	0	1	1
1	1	0	1
1	1	1	1

图8-16 电路图

(4) 分析电路的逻辑功能

当输入 A、B、C 中有2个或3个为1时,输出 Y 为1,否则输出 Y 为0。所以这个电路可以认为是一种三人表决用的组合电路:只要有2票或3票同意,表决就通过。

[例8-7] 分析如图8-17所示电路的逻辑功能。

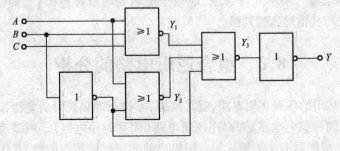

图8-17 电路图

解:(1)从输入到输出逐级写出逻辑表达式

$$\begin{cases} Y_1 = \overline{A+B+C} \\ Y_2 = \overline{A+\overline{B}} \\ Y_3 = \overline{Y_1 + Y_2 + \overline{B}} \end{cases} Y = \overline{Y_3} = Y_1 + Y_2 + \overline{B} = \overline{A+B+C} + \overline{A+\overline{B}} + \overline{B}$$

(2)化简并写出最简与或表达式

$$Y = \overline{A}\,\overline{B}\,\overline{C} + \overline{A}B + \overline{B} = \overline{A}B + \overline{B} = \overline{A} + \overline{B} = \overline{AB}$$

(3)列真值表(表8-4)

[例8-7] 真 值 表   表8-4

A	B	C	Y	A	B	C	Y
0	0	0	1	1	0	0	1
0	0	1	1	1	0	1	1
0	1	0	1	1	1	0	0
0	1	1	1	1	1	1	0

(4)分析电路的逻辑功能

电路的输出 Y 只与输入 A、B 有关,而与输入 C 无关。Y 和 A、B 的逻辑关系为:A、B 中只要一个为 0,$Y=1$;A、B 全为 1 时,$Y=0$。所以 Y 和 A、B 的逻辑关系为与非运算关系。

8.4 常用的组合逻辑电路

上一节介绍了组合逻辑电路的分析与设计方法。随着微电子技术的发展,现在许多常用的组合逻辑电路都有现成的集成模块,不需要我们用门电路设计连接。本节将介绍编码器和译码器这两种常用的组合逻辑集成器件,重点分析两种器件的逻辑功能和实现原理。

8.4.1 编码器

所谓编码就是将特定含义的输入信号(文字数码和符号)转换成二进制代码的过程。换句话说,在数字系统中,用多位二进制数码 0 和 1 按某种规律排列,组成不同的码字,用以表示某一特定的含义,称为编码。如电话号码、学生学号和邮政编码均属编码(它们都是利用十进制数码进行编码的)。而能实现编码操作的数字电路则称为编码器。编码器输入的是被编的信号,输出的是所使用的二进制代码。根据被编信号的不同特点和要求,编码器可分为二进制编码器、二—十进制编码器(BCD 编码器)和优先编码器等等。

1)二进制编码器

能够将各种输入信息编成二进制代码的电路称为二进制编码器。由于 1 位二进制代码可以表示 1、0 共 2 种不同输入信号,2 位二进制代码可以表示 00、01、10、11 共 4 种不同输入信号,由此可知,2^n 个输入信号只需 n 位二进制代码就可以完成编码,即需要 n 个输出端口。

图 8-18 所示为 3 位二进制编码器示意图。I_0、I_1、I_2、I_3、I_4、I_5、I_6、I_7 代表八个输入信息,输出变量为 3 位二进制代码,用 Y_0、Y_1、Y_2 表示。故又称为 8 线—3 线编码器。

由于编码器的严格限定,在某一时刻编码器只能对一个输入信号进行编码,即在编码器的输入端,同一时刻不允许有两个或两个以上的有效输入信号同时出现。由此得出编码器的真值表,如表 8-5 所示。

表 8-5　3 位二进制编码器真值表

输入								输出		
I_0	I_1	I_2	I_3	I_4	I_5	I_6	I_7	Y_2	Y_1	Y_0
1	0	0	0	0	0	0	0	0	0	0
0	1	0	0	0	0	0	0	0	0	1
0	0	1	0	0	0	0	0	0	1	0
0	0	0	1	0	0	0	0	0	1	1
0	0	0	0	1	0	0	0	1	0	0
0	0	0	0	0	1	0	0	1	0	1
0	0	0	0	0	0	1	0	1	1	0
0	0	0	0	0	0	0	1	1	1	1

因此,在这种情况下可直接写出只取逻辑值为 1 的输入变量或表达式,再变换为与非形式即可。

$$Y_0 = I_1 + I_3 + I_5 + I_7 = \overline{\overline{I_1} \cdot \overline{I_3} \cdot \overline{I_5} \cdot \overline{I_7}}$$
$$Y_1 = I_2 + I_3 + I_6 + I_7 = \overline{\overline{I_2} \cdot \overline{I_3} \cdot \overline{I_6} \cdot \overline{I_7}}$$
$$Y_2 = I_4 + I_5 + I_6 + I_7 = \overline{\overline{I_4} \cdot \overline{I_5} \cdot \overline{I_6} \cdot \overline{I_7}}$$

由上式可画出用于非门构成的三位二进制编码器的逻辑电路图,图中,I_0 的编码是隐含的,$I_1 \sim I_9$ 均为 0 时,电路输出就是 I_0 的编码。

2) 二—十进制编码器

上述编码器每次只允许一个输入端上有信号,如果有多个输入端上同时有信号,其输出将产生混乱。而实际上还常常出现多个输入端上同时有信号的情况,所以就需要按预先排好优先顺序,依优先级别顺序工作。能识别信号

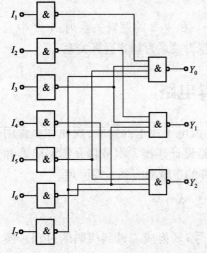

图 8-18　8 线—3 线编码器

的优先级并进行编码的逻辑电路称为优先编码器。

二—十进制编码器又称 BCD 编码器,就是将输入的十进制数(0~9)转化为对应的二进制码(BCD 码)。

74LS147 型集成电路就是一种常用的二—十进制优先编码器(又称 10 线—4 线优先编码器)。它有 9 个输入端,即 $\overline{I_1} \sim \overline{I_9}$,输入信号低电平有效,即有信号时,输入为 0。输入信号中 $\overline{I_9}$ 的优先级别最高,$\overline{I_1}$ 的优先级别最低,若输入端中同时有几个端口有信号,则只对优先级别最高的一个信号进行编码。若输入端均无信号,则默认对 I_0 进行编码。74LS147 有 4 个输出端,即 $\overline{Y_0} \sim \overline{Y_3}$,它们都是反变量,即输出的是 8421BCD 码的反码。

表 8-6 是 74LS147 的功能表。

如图 8-19 所示为十键 8421 码优先编码器的逻辑图,按下某个按键,输入一个十进制数码,输出相应的 8421BCD 码。例如,按下 S_5 键,输入 5,即 $\overline{I_5} = 0$,输出为 0101。按下 S_0 键,则输出为 0000。

74LS147 优先编码器的功能表　　　　　　　表 8-6

输　入									输　出			
$\bar{I}_9$	$\bar{I}_8$	$\bar{I}_7$	$\bar{I}_6$	$\bar{I}_5$	$\bar{I}_4$	$\bar{I}_3$	$\bar{I}_2$	$\bar{I}_1$	$\bar{Y}_3$	$\bar{Y}_2$	$\bar{Y}_1$	$\bar{Y}_0$
1	1	1	1	1	1	1	1	1	1	1	1	1
1	1	1	1	1	1	1	1	0	1	1	1	0
1	1	1	1	1	1	1	0	×	1	1	0	1
1	1	1	1	1	1	0	×	×	1	1	0	0
1	1	1	1	1	0	×	×	×	1	0	1	1
1	1	1	1	0	×	×	×	×	1	0	1	0
1	1	1	0	×	×	×	×	×	1	0	0	1
1	1	0	×	×	×	×	×	×	1	0	0	0
1	0	×	×	×	×	×	×	×	0	1	1	1
0	×	×	×	×	×	×	×	×	0	1	1	0

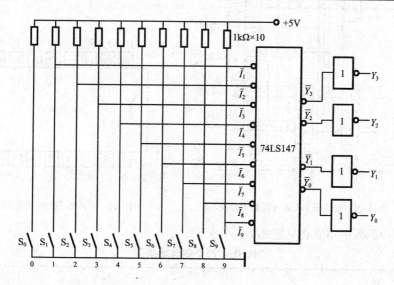

图 8-19　十键 8421 码优先编码器的逻辑电路图

8.4.2　译码器

译码是编码的逆过程，其功能是将输入的若干位二进制代码"翻译"成对应的信号输出。译码器分成三类，分别是代码译码器、变量译码器和显示译码器。

1）代码译码器

这种译码器用于一个数据不同代码之间的相互转换。例如前面讨论的 8421BCD 码，对应于 0～9 十进制数，由 4 位二进制码来表示。将输入的 4 位二进制码译成对应的十进制数输出，这种译码器称为 4 线—10 线译码器。例如 74LS42 就是一种 4 线—10 线译码器。

74LS42 输入的是 8421BCD 原码，输出端低电平有效，且能自动拒绝伪码，也就是说，若输入代码为 1010～1111 这六种组合时，输出全部为 1。它的引脚图如图 8-20 所示。

2）变量译码器

变量译码器的特点是，译码器输出端的数目由译码器输入端的数目决定，例如把2位二进制数译成四种输出状态，3位二进制数译成八种输出状态等。

现以3线—8线译码器74LS138为例，图8-21是它的逻辑电路图，图8-22是它的引脚图。

图中，S_A、$\bar{S}_B$、$\bar{S}_C$为三个使能输入端，仅当S_A、$\bar{S}_B$、$\bar{S}_C$分别为1、0、0时，译码器才正常译码，若不满足，则输出端均为1。

三个译码输入端为A_2、A_1、A_0，八个译码输出端$\bar{Y}_0 \sim \bar{Y}_7$，且是低电平有效。

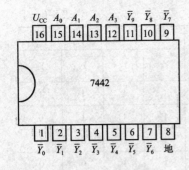

图8-20　74LS42引脚图

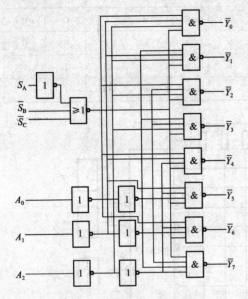

图8-21　译码器74LS138逻辑电路图

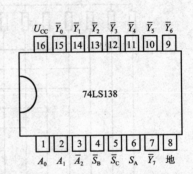

图8-22　译码器74LS138引脚图

74LS138译码器的功能表见表8-7。

74LS138型译码器功能表　　　　　表8-7

输入					输出							
$\bar{S}_A$	$\bar{S}_B+\bar{S}_C$	A_2	A_1	A_0	$\bar{Y}_0$	$\bar{Y}_1$	$\bar{Y}_2$	$\bar{Y}_3$	$\bar{Y}_4$	$\bar{Y}_5$	$\bar{Y}_6$	$\bar{Y}_7$
×	1	×	×	×	1	1	1	1	1	1	1	1
0	×	×	×	×	1	1	1	1	1	1	1	1
1	0	0	0	0	0	1	1	1	1	1	1	1
1	0	0	0	1	1	0	1	1	1	1	1	1
1	0	0	1	0	1	1	0	1	1	1	1	1
1	0	0	1	1	1	1	1	0	1	1	1	1
1	0	1	0	0	1	1	1	1	0	1	1	1
1	0	1	0	1	1	1	1	1	1	0	1	1
1	0	1	1	0	1	1	1	1	1	1	0	1
1	0	1	1	1	1	1	1	1	1	1	1	0

利用74LS138译码器构成数据分配器。

所谓数据分配器就是把同一个信号源来的数据按要求送到不同的地址,但在同一时刻,只能把数据送到一个特定的地址。74LS138作为数据分配器的逻辑原理图如图8-23所示。

这里将使能端S_A接高电平,$\bar{S}_B$接低电平,$\bar{S}_C$作为数据输入端(接数据源),A_2、A_1、A_0作为选择数据输出通道的选择码(地址码)输入端,$\bar{Y}_0 \sim \bar{Y}_7$作为数据输出通道。由功能表8-7可见,当$S_A = 1$、$\bar{S}_B = 0$、$A_2 = 0$、$A_1 = 1$、$A_0 = 0$时,被选中的输出端为$\bar{Y}_2$,这时,只有$\bar{Y}_2$随输入数据端$\bar{S}_C$的变化而改变,即输入数据从$\bar{Y}_2$通道输出。

可见,这个电路能把从一个数据源来的数据,根据选择控制端的状态不同,传送到八个接收端中唯一的一个中去。

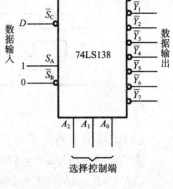

图8-23 数据分配器

3) 显示译码器

在数字测量和数字系统中,常需要将数字或字符直观地显示出来。用来驱动各种显示器件,从而将用二进制代码表示的数字、文字、符号翻译成人们习惯的形式直观地显示出来的电路,称为显示译码器。

如74LS48就是一种4线—7线七段数字显示译码器/驱动器,它将二进制代码(BCD码)译成相应的控制电平来控制七段半导体数码管(LED)以显示不同数字。

单元小结

(1) 数字电路的工作信号是在数值上和时间上不连续变化的数字信号。数字信号只需用高电平和低电平来表示。

(2) 逻辑电路所反映的是输入状态和输出状态逻辑关系的电路。基本逻辑关系有3种,即与、或、非逻辑关系,分别由基本逻辑门电路与门、或门、非门电路来实现。由基本逻辑门可构成组合门电路,例如与非门、或非门、与或非门、异或门等。逻辑电路的逻辑关系用真值表、逻辑函数式和逻辑符号来表示。

(3) 组合逻辑门电路在功能上的特点是:任何时刻的输出状态直接由当时的输入状态决定,与电路的原来状态无关,电路没有记忆能力。

(4) 数字集成电路从器件特点来分有TTL和CMOS两大系列,大多是双列直插式封装,TTL电路和CMOS比较起来,噪声容限小,功耗大,输入电阻小,但工作速度快。CMOS电路具有低功耗、输入电阻大,抗干扰能力强及电源电压的范围宽等特点。

(5) 逻辑代数是研究和简化逻辑电路的数学工具。

(6) 常用的具有特定功能的组合逻辑电路有编码器、译码器、数据比较器和加法器等组合电路。

思考与练习

(1) 数字信号和模拟信号的主要区别是什么?数字电路与模拟电路相比较有何特点?

(2) 当输入端A、B、C输入信号波形如图8-24所示时,试画出经过"与"门、"或"门、"与非"门、"或非"门后的F输出波形。

（3）如图 8-25 所示，A、B 为两个门电路的输入波形，F_1、F_2 是它们的输出波形，试根据输出波形图列出各自的逻辑真值表，指出它们分别是何种门电路。

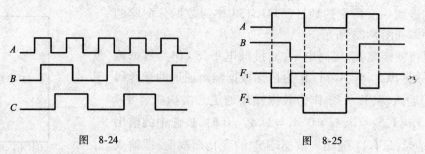

图 8-24　　　　　　　　　图 8-25

（4）试画出下列各逻辑表达式的逻辑图。
① $F = AB + BC$；② $F = A\overline{BC}$；
③ $F = A\overline{B} + \overline{A}B$；④ $F = A\overline{B}C + \overline{A}BC + \overline{ABC}$

（5）用公式法将下列逻辑函数化简成最简与或式。
① $F = \overline{A}\,\overline{B}C + \overline{A}BC + ABC + AB\overline{C}$；
② $F = A + \overline{A}BCD + \overline{AB}C + BC + \overline{B}C$；
③ $F = (A + \overline{A}C)(A + CD + D)$。

（6）试写出图 8-26 所示电路的逻辑表达式，用逻辑代数化简，列出逻辑状态表，说明逻辑功能。

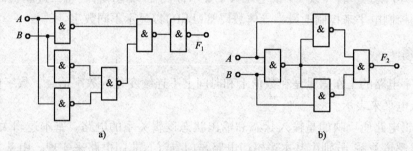

图 8-26

（7）试写出图 8-27 所示逻辑图的逻辑表达式及真值表。

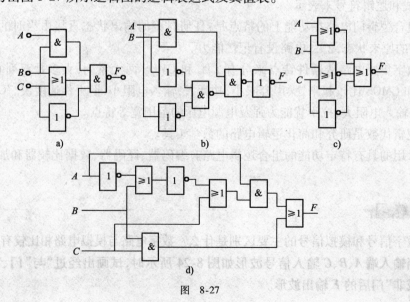

图 8-27

拓展学习

拓展10 组合逻辑电路的设计

根据给定的组合逻辑要求,画出实现该功能的最简逻辑电路称为组合逻辑电路的设计。在此介绍用门电路设计组合逻辑电路的一般方法,其主要步骤如下:

(1)根据逻辑要求,确定输入、输出逻辑变量,并分别进行赋值。
(2)列出逻辑状态表。
(3)由逻辑状态表写出逻辑函数表达式。
(4)将逻辑函数表达式进行化简或变换。
(5)按照化简以后的逻辑函数表达式,画出逻辑电路图。

[**例 8-8**] 用与非门设计一个交通报警控制电路。交通信号灯有红、绿、黄 3 种,3 种灯分别单独工作或黄、绿灯同时工作时属正常情况,其他情况均属故障,出现故障时输出报警信号。

解:(1)电路功能描述。

设红、绿、黄灯分别用 A、B、C 表示,灯亮时其值为 1,灯灭时其值为 0;输出报警信号用 F 表示,灯正常工作时其值为 0,灯出现故障时其值为 1。根据逻辑要求列出真值表,如表 8-8 所示。

[例 8-8]电路功能真值表   表 8-8

A	B	C	F	A	B	C	F
0	0	0	1	1	0	0	0
0	0	1	0	1	0	1	1
0	1	0	0	1	1	0	1
0	1	1	0	1	1	1	1

(2)根据真值表写出逻辑表达式:

$$F = \overline{A}\,\overline{B}\,\overline{C} + A\overline{B}C + AB\overline{C} + ABC$$

(3)利用逻辑代数的公式和定律对此逻辑表达式进行化简:

$$\begin{aligned}F &= \overline{A}\,\overline{B}\,\overline{C} + ABC + AB\overline{C} + ABC + A\overline{B}C \\ &= \overline{A}\,\overline{B}\,\overline{C} + AB(C + \overline{C}) + AC(B + \overline{B}) \\ &= \overline{A}\,\overline{B}\,\overline{C} + AB + AC\end{aligned}$$

(4)逻辑变换:

$$F = \overline{\overline{\overline{A}\,\overline{B}\,\overline{C}} \cdot \overline{AB} \cdot \overline{AC}}$$

(5)根据化简后的逻辑表达式画出逻辑图(图 8-28)。

[**例 8-9**] 用与非门设计一个举重裁判表决电路。设举重比赛有 3 个裁判,一个主裁判和两个副裁判,杠铃完全举上的裁决由每一个裁判按一下自己面前的按钮来确定。只有当两个或两个以上裁判判明成功,并且其中有一个为主裁判时,表明成功的灯才亮。

解:(1)电路功能描述

设主裁判为变量 A,副裁判分别为 B 和 C,表示成功与否

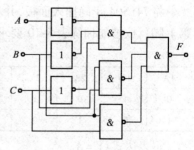

图 8-28 例 8-8 逻辑电路设计图

的灯为 Y，根据逻辑要求列出真值表，如表 8-9 所示。

表 8-9 [例 8-9] 电路功能真值表

A	B	C	F	A	B	C	F
0	0	0	0	1	0	0	0
0	0	1	0	1	0	1	1
0	1	0	0	1	1	0	1
0	1	1	0	1	1	1	1

（2）根据真值表写出逻辑表达式

$$Y = A\bar{B}C + AB\bar{C} + ABC$$

（3）利用逻辑代数的公式和定律对此逻辑表达式进行化简

$$\begin{aligned} Y &= A\bar{B}C + AB\bar{C} + ABC \\ &= ABC + AB\bar{C} + ABC + A\bar{B}C \\ &= AB(C+\bar{C}) + AC(B+\bar{B}) \\ &= AB + AC \end{aligned}$$

（4）逻辑变换

$$Y = \overline{\overline{AB} \cdot \overline{AC}}$$

（5）根据化简后得逻辑表达式画出逻辑图（图 8-29）

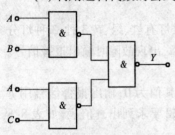

图 8-29 例 8-9 逻辑电路设计图

技能训练

实训 9 门电路逻辑功能及测试

1）技能训练目标

（1）熟悉数字逻辑实验箱的结构、基本功能和使用方法。

（2）掌握常用门电路的逻辑功能及其测试方法。

2）技能训练仪器及设备

（1）数字逻辑实验箱 1 台。

（2）万用表 1 只。

（3）元器件 74LS00、74LS04、74LS86 各一块。

（4）导线若干。

3）技能训练内容与步骤

（1）测试 74LS04 的逻辑功能

将 74LS04 正确插入面板，并注意识别第 1 脚位置（集成块正面放置且缺口向左，则左下为第 1 脚），按技能训练表 8-10 要求输入高、低电平信号，测出相应的输出逻辑电平。

表 8-10 74LS04 逻辑功能测试表

1A	1Y	2A	2Y	3A	3Y	4A	4Y	5A	5Y	6A	6Y
0	1	0	1	0	1	0	1	0	1	0	1
1	0	1	0	1	0	1	0	1	0	1	0

得表达式：$Y = \bar{A}$。

（2）测试 74LS00 逻辑功能

将74LS00正确插入面板,并注意识别第1脚位置,按技能训练表8-11要求输入高、低电平信号,测出相应的输出逻辑电平。

74LS00 逻辑功能测试表　　　　　　　　　　　　　　　表8-11

1A	1B	1Y	2A	2B	2Y	3A	3B	3Y	4A	4B	4Y
0	0	1	0	0	1	0	0	1	0	0	1
0	1	1	0	1	1	0	1	1	0	1	1
1	0	1	1	0	1	1	0	1	1	0	1
1	1	0	1	1	0	1	1	0	1	1	0

得表达式:$Y=\overline{AB}$。

(3) 测试 74LS86 逻辑功能

将74LS86正确插入面板,并注意识别第1脚位置,按技能训练表8-12要求输入高、低电平信号,测出相应的输出逻辑电平。

74LS86 逻辑功能测试表　　　　　　　　　　　　　　　表8-12

1A	1B	1Y	2A	2B	2Y	3A	3B	3Y	4A	4B	4Y
0	0	0	0	0	0	0	0	0	0	0	0
0	1	1	0	1	1	0	1	1	0	1	1
1	0	1	1	0	1	1	0	1	1	0	1
1	1	0	1	1	0	1	1	0	1	1	0

得表达式为:$Y=A\oplus B$。

单元 9

触发器与时序逻辑电路

知识目标

掌握各种触发器的结构、逻辑功能及工作原理,了解时序逻辑电路的分析方法,了解常用集成时序电路的基本功能和应用。

9.1 触发器

数字电路按其逻辑功能的不同可分为两大类:一类即单元 8 所讲述的组合逻辑电路,简称组合电路。组合电路的特点是:任一时刻的输出信号,只取决于当时的输入信号,而与电路原来所处的状态无关。另一类是时序逻辑电路,简称时序电路。在时序电路中,任一时刻的输出信号,不仅与当时的输入信号有关,还和电路原来的状态有关。也就是说,时序电路能够保留原来的输入信号对其造成的影响,亦即具有记忆功能。

门电路是组合电路的基本单元,而触发器是时序电路的基本单元。

9.1.1 RS 触发器

1)基本 RS 触发器

基本 RS 触发器是由两个与非门交叉连接而成的,结构如图 9-1a)所示,逻辑符号如图 9-1b)所示。输入端 $\overline{R}$ 称为直接复位端(直接置 0 端),另一输入端 $\overline{S}$ 称为直接置位端(直接置 1 端)。触发器有两个互补的输出端 Q 和 $\overline{Q}$。如果 $Q=1, \overline{Q}=0$,称触发器处于 1 态(置位

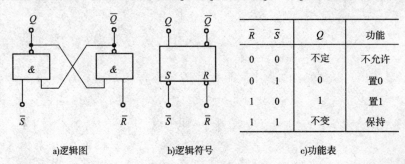

图 9-1 基本 RS 触发器

状态);如果 $Q=0,\bar{Q}=1$,则称触发器处于 0 态(复位状态)。可见,触发器有两个稳定的输出状态(0 态、1 态),故该种触发器称为双稳态触发器。

现在来分析基本 RS 触发器输出与输入的逻辑关系。根据输入信号的不同取值,可分为以下四种情况。

(1)$\bar{S}=1,\bar{R}=0$

此时,无论触发器的初始状态如何,其输出状态(末态)均为 0 态($Q=0,\bar{Q}=1$),称触发器被置 0(复位)。

(2)$\bar{S}=1,\bar{R}=1$

此时,无论触发器的初始状态如何,其输出状态(末态)均为 1 态($Q=1,\bar{Q}=0$),称触发器被置 1(置位)。

(3)$\bar{S}=1,\bar{R}=1$

此时,触发器仍保持其原来的状态不变。即如果初态是 0 态,则末态也为 0 态;若初态是 1 态,则末态也为 1 态。

(4)$\bar{S}=0,\bar{R}=0$

此时,两个与非门输出端都为 1,这就达不到 Q 和 $\bar{Q}$ 的状态应该相反的逻辑要求,故不允许出现此种输入状态。

以上分析表明,基本 RS 触发器有两个稳定状态,如果在直接置位端加负脉冲就可使它置位,在直接复位端加负脉冲就可使它复位。负脉冲过去后,两个输入端都处于 1 态(平时固定接高电平),此时触发器保持原状态不变,实现记忆或存储功能。但是,禁止将负脉冲同时加在直接置位端和直接复位端。基本 RS 触发器的功能表如图 9-1c)所示。

2)同步 RS 触发器

基本 RS 触发器的输出状态直接受触发信号 R 和 S 的控制,只要输入端的直接置位或直接复位信号一出现,相应的输出状态就随之产生。但在实际应用中,往往还需要给触发器增设一个控制端,该端上所加的控制脉冲称为时钟脉冲,用其英文缩写 CP 表示,简写为 C。由它控制触发器的翻转时刻,只有当时钟脉冲的时钟信号到达时,触发器输入信号的值才会影响到输出端的状态。也就是说,触发器的翻转是与时钟脉冲同步的。所以这种用时钟脉冲控制的触发器称为同步 RS 触发器,又称为钟控 RS 触发器或可控 RS 触发器。

同步 RS 触发器的逻辑图如图 9-2a)所示。

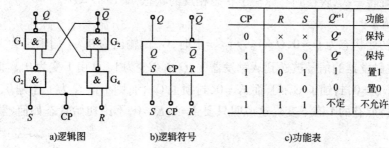

图 9-2 同步 RS 触发器

它在基本 RS 触发器的基础上增加了两个与非门 G_3 和 G_4,并用正脉冲 CP 控制 G_3 和 G_4 的开与关。时钟脉冲来到之前,即 CP = 0 时,无论输入端 R 和 S 的电平如何,G_3 和 G_4 两个门的输出均为 1,触发器状态不变。只有当 CP = 1,即时钟脉冲来到之后,触发器的输出状态才随 R 和 S 端的状态而变。时钟脉冲过去后,输出状态不再变化。钟控 RS 触发器的逻辑符号如图9-2b)所示,图9-2c)是它的功能表。

表中,Q^n与Q^{n+1}分别代表时钟脉冲作用前、后触发器Q端的状态。

同步RS触发器属电平触发方式,前面介绍的为高电平触发,即当$C=1$时,触发器被触发。同步RS触发器还有低电平触发的触发方式,即当$C=0$时,触发器被触发。

但电平触发方式在被触发的整个期间都接收输入信号的变化,若输入信号变化几次,则触发器的状态将随输入信号变化而翻转两次或多次。通常将这种同一个CP脉冲有效电平期间,触发器状态两次或更多次翻转的现象称为空翻。空翻现象会破坏整个电路系统中各触发器的工作节拍,在很多地方使用起来不能满足需要。为了克服空翻现象,提高触发器工作的可靠性,希望在每个CP周期里输出端的状态只能改变一次。所以在同步RS触发器的基础上又设计出了其他一些结构的触发器。

9.1.2 JK触发器

JK触发器的逻辑图如图9-3所示,它由两个钟控RS触发器组成。F_1称为主触发器,F_2称为从触发器,组合起来称为主从触发器,另外附加两个与门和一个非门。J和K是整个主从触发器的输入端,它是利用Q和$\bar{Q}$不可能同时为1的特点,将输出状态反馈到两个与门的输入端。当$C=1$时,两个与门的输出不可能同时为1,这就避免了输出状态不定的情况。

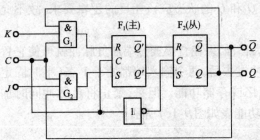

图9-3 JK触发器的逻辑图

触发器工作原理分析如下。

(1) $J=1,K=1$

当$C=1$时,主触发器的状态由触发器的反馈信号Q和$\bar{Q}$决定。若触发器的初始状态为$Q=0,\bar{Q}=1$,则与门G_1被封锁,使主触发器输入端$R=0$;而与门G_2被打开,$S=1$,使得$Q'=1$,$\bar{Q}'=0$。但由于从触发器被封锁(因为它的C端为0),输出状态不变。当C由1下跳到0时,主触发器被封锁,从触发器打开,输出状态由F_1的输出端Q'的状态决定,即Q由0变为1,$\bar{Q}$由1变为0。若初始状态为$Q=1,\bar{Q}=0$,则分析方法同上,但分析结果与上述情况相反,即Q将由1变为0,$\bar{Q}$由0变为1。因此,在J和K都为1的情况下,当时钟脉冲的下降沿到来时,触发器必定要翻转一次,转换到与原输出状态相反的状态,即$Q^{n+1}=\bar{Q}^n$。

(2) $J=1,K=0$

设触发器初始状态为$Q=0,\bar{Q}=1$。当$C=1$时,G_1门输出为0,G_2门输出为1。当C由1下跳到0时,主触发器的信号被送到从触发器中,Q由0变为1,$\bar{Q}$由1变为0。如果触发器原来为1态,由于$\bar{Q}=0$,封锁了G_2门,而$K=0$,封锁了G_1门,则不论C为1还是0,主触发器和从触发器均保持原有的1态不变。这说明只要$J=1,K=0$,不论初始状态如何,触发器均为1态,即$Q^{n+1}=1$。

(3) $J=0,K=1$

分析方法同上,结论是无论触发器初始状态如何,当$J=0,K=1$时,在C由1下跳到0后,触发器必然为0态,即$Q^{n+1}=0$。

(4) $J=0,K=0$

在这种情况下,由于主触发器被封锁,电路输出端保持原来状态不变,即$Q^{n+1}=Q^n$。

综上所述，JK 触发器的功能表如图 9-4a)所示。

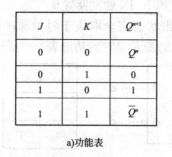
a)功能表

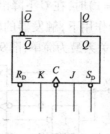
b)逻辑符号

图 9-4　JK 触发器

由以上分析可知，这种 JK 触发器分两步工作：第一步，在 C 为高电平期间，输入信号(J、K 端的状态)被保存在主触发器 F_1 中，从触发器 F_2 由于被封锁而维持原状态不变；第二步，当 C 的下降沿到来时，F_1 的输出控制 F_2 翻转后的状态，而 F_1 被封锁，使输出状态稳定，免受输入信号的影响。

值得注意的是，这种主从结构的 JK 触发器，在 $C=1$ 期间，主触发器需要保持 C 上升沿作用后的状态不变。因此，在 $C=1$ 期间，J 与 K 的状态必须保持不变。此外，主从型触发器具有在 C 从 1 下跳到 0 时翻转的特点，也就是具有在时钟脉冲下降沿触发的特点。这一特点反映在图 9-4b)所示的逻辑符号中，就是在 C 输入端靠近方框处有一小圆圈"o"。

[**例 9-1**]　主从型 JK 触发器输入波形如图 9-5 所示，设触发器初始状态为 0 态，试画出输出端 Q 的波形。

解：根据 JK 触发器的状态表，在 t_1 时刻(第一个时钟脉冲的下降沿)，$J=1$、$K=0$，触发器置 1。在 t_2 时刻，$J=K=1$，触发器翻转。在 t_3 时刻，$J=1$、$K=0$，触发器置 1。在 t_4 时刻，$J=K=1$，触发器翻转。在 t_5 时刻，$J=K=1$，触发器翻转。得出 Q 端波形图，如图 9-5 所示。

常用的集成 JK 触发器产品为 74LS112，如图 9-6 所示。它是把两个 JK 触发器制作在同一块芯片中，故称为双 JK 触发器。

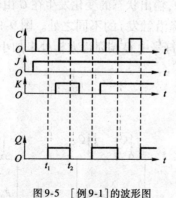

图 9-5　[例 9-1]的波形图

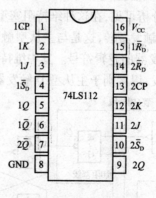

图 9-6　74LS112 外引线排列图

9.1.3　D 触发器

JK 触发器有 J、K 两个数据输入端。如果将 JK 触发器的 J 端输入信号经非门接到 K 端，并将 J 端改为 D，这时就将 JK 触发器转换为 D 触发器，如图 9-7a)所示。

D 触发器也是经常使用的一种集成触发器，其逻辑功能可由 JK 触发器的工作原理推出。

当 $D=1(J=1,K=0)$ 时，根据 JK 触发器的逻辑功能，在 C 下降沿作用下，JK 触发器置 1。

当 $D=0(J=0,K=1)$ 时，在 C 下降沿作用下，JK 触发器置 0。

可见，在 C 下降沿作用下，触发器的输出状态完全取决于时钟脉冲作用前 D 端的状态。因此，D 触发器的逻辑关系最为简单，图 9-7b)所示是它的功能表。

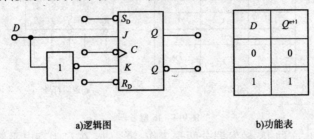

a)逻辑图　　　　　　　b)功能表

图 9-7　用 JK 触发器构成的 D 触发器

D 触发器除了可用上述主从型触发器构成外，还可以由维持阻塞型触发器构成。图 9-8 所示是维持阻塞型 D 触发器的逻辑图。其工作原理分析如下：

当 $C=0$ 时，$Q_3=Q_4=1$ 触发器输出维持原状态不变。输入信号 D 经 G_6、G_5 传输到 G_4、G_3，触发器处于翻转等待状态。一旦 $C=1$，触发器将按 Q_3、Q_4 的状态翻转。

设 $D=0$，则 $Q_6=1$。当 $C=0$ 时，由于 $Q_3=1$，使 $Q_5=0$。当 $C=1$ 到来时，G_4 的输入全为 1，则 $Q_4=0$，使触发器置 0。同时，因 $Q_4=0$，使 G_6 封锁。从而保证了触发器在 C 作用期间，即使 D 端状态发生变化，触发器的状态仍维持 0 态。因此，从 G_4 输出端反馈到 G_6 输入端的连线，称为置 0 维持线。同理，为了维持触发器为 1 态，对应地有从 G_3 输出端反馈到 G_5 输入端的连线，称为置 1 维持线。

设 $D=1$，当 $C=0$ 时，因 $Q_4=1$、$Q_3=1$，故 $Q_6=0$、$Q_5=1$。当 $C=1$ 到来时，由于 $Q_6=0$，Q_4 仍为 1。G_3 的输入全为 1，使 $Q_3=0$，因而使触发器置 1。Q_3 的 0 状态使 G_5 封锁，使触发器输出的 1 态不因 D 状态的变化而改变；同时，Q_3 的 0 状态经置 0 阻塞线(从 G_3 输出到 G_4 输入的连线)阻止触发器置 0。

由以上分析可见，在这种维持阻塞型触发器中，输出状态的变化发生在 C 由 0 变为 1 的时刻，为上升沿触发翻转，这是与主从型触发器(下降沿触发)的不同之处。图 9-9 列出了这两种类型 D 触发器的逻辑符号。其中维持阻塞型的符号中 C 端靠近方框处未加小圆圈，表示它为上升沿触发，以区别于主从型 D 触发器。

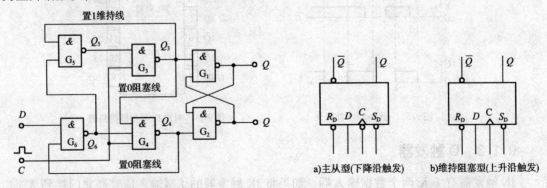

图 9-8　维持阻塞型 D 触发器　　　　　　图 9-9　D 触发器的逻辑符号

由于维持阻塞型 D 触发器避免了在 $C=1$ 期间，触发器状态随输入信号而变化，因而使触发器的工作更加可靠,所以在集成电路产品中 D 触发器大多采用维持阻塞型。

9.1.4 T 触发器和 T′触发器

如果将 JK 触发器的 J 端和 K 端直接连接在一起,输入端符号改用 T 表示,就构成了 T 触发器,如图 9-10a)所示。当 $T=0$ 时,相当于 JK 触发器 $J=K=0$ 的情况,时钟脉冲到来后触发器状态保持不变;当 $T=1$ 时,相当于 JK 触发器 $J=K=1$ 的情况,每来一个时钟脉冲,触发器就翻转一次。在逻辑电路中,T 触发器也可用如图 9-10b)所示的逻辑符号来表示。故 T 触发器的功能表如图 9-10c)所示。

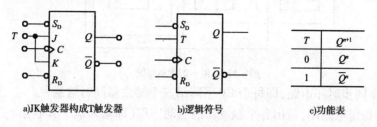

a) JK 触发器构成 T 触发器   b) 逻辑符号   c) 功能表

图 9-10 T 触发器

如果把 T 触发器的 T 端固定接高电平,使 T 恒等于 1,就成为 T′触发器,其逻辑功能是每来一个时钟脉冲就翻转一次,即 $Q^{n+1}=\overline{Q^n}$,具有计数功能,故 T′触发器又称为计数触发器。

在本节中,介绍了多种逻辑功能不同的触发器,在各种触发器中,最常见的是 JK 触发器和 D 触发器。根据实际需要,可以将某种逻辑功能的触发器,经适当的改接外部引线或附加一些逻辑门电路后转换为另一种触发器。如前面介绍了将 JK 触发器转换为 D 触发器,将 JK 触发器转换为 T 触发器或 T′触发器的方法。如果需要将 D 触发器转换成 T′触发器,则可将其 $\overline{Q}$ 端反馈回来与 D 端相连接即可,如图 9-11 所示。

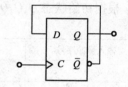

图 9-11 D 触发器转换成 T′触发器

9.2 时序逻辑电路

9.2.1 时序逻辑电路的分析

时序逻辑电路是指任一时刻的输出不仅取决于当时的输入信号或信号组合,而且还与电路前一时刻状态有关的电路。它由门电路和记忆元件或存储电路两部分组成。按存储电路中触发器的脉冲输入方式的不同,时序电路可分为同步时序电路和异步时序电路。同步时序电路是指所有触发器状态的变化都受同一个时钟脉冲控制的电路;异步时序电路是指各触发器状态的变化不是同时发生的电路。

1)时序电路的分析方法

分析时序电路的目的是找出已知电路的逻辑功能。下面以同步时序电路的分析为例介绍分析方法。通常按如下步骤进行分析:

(1)根据给定的逻辑电路图,写出电路中各个触发器的时钟方程、驱动方程。同步时序电路中各个触发器都受同一个 CP 脉冲控制,时钟方程可以不写出。

(2)分析各触发器的功能,通过列状态表或画状态图求出对应的状态值。

(3) 分析、总结上述结果,确定时序电路的功能。

2) 举例

[**例 9-2**] 分析图 9-12 所示的时序电路,设电路初始状态为 $Q_3Q_2Q_1=000$。试判断电路的逻辑功能。

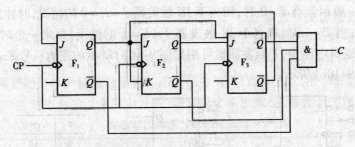

图 9-12 [例 9-2]的电路图

解:这是一个同步时序电路,即每个 CP 下降沿三个触发器同时被触发。

根据给定的逻辑电路图,写出各个触发器的驱动方程(即输入端 J、K 状态):

$$J_1=\overline{Q_3^n} \quad J_2=Q_1^n \quad J_3=Q_1^n Q_2^n$$

$$K_1=1 \quad K_2=Q_1^n \quad K_3=1$$

输出方称为:

$$C=\overline{Q_1^n}\ \overline{Q_2^n}\ Q_3^n$$

根据初始状态 $Q_3Q_2Q_1=000$ 以及 JK 触发器的功能,得到状态表如表 9-1 所示。

状 态 表   表 9-1

输入脉冲序号	Q_3	Q_2	Q_1	C
0	0	0	0	0
1	0	0	1	0
2	0	1	0	0
3	0	1	1	0
4	1	0	0	1
5	0	0	0	0

可以看出此电路是一个带进位输出的同步五进制加法计数器。

9.2.2 计数器

计数器是数字电路中广泛应用的一种部件。所谓"计数",就是累计(累加或累减)输入脉冲的个数。除了"计数"这一功能外,计数器还可用于分频、时序控制等其他方面。

计数器有多种分类方法。

(1) 按照计数制来分,有二进制、十进制和 N 进制计数器等几种。N 进制计数器的模为 N,即每经过 N 次计数,计数器的状态变化循环一周。

(2) 按计数器功能的不同可分为加法计数器(累加)、减法计数器(累减)和可逆计数器(既可累加又可累减)。

(3) 由于计数器是由若干触发器组成的,它工作时各触发器都要不断地翻转,所以还可按其中各触发器翻转的时刻是否一致将计数器分为同步计数器和异步计数器两类。同步计数器工作时需要翻转的触发器都在同一时刻翻转,而异步计数器工作时,各位触发器的翻转时刻不全相同。

1）二进制计数器

二进制计数器是最常用的计数器，也是构成其他进制计数器的基础，它按二进制加减运算的规律累计输入脉冲的数目。

(1) 异步二进制加法计数器

二进制加法运算的规则是"逢二进一"，即 $0+1=1,1+1=10$。也就是每当本位是1，再加1时，本位变为0，向高位进位，使高位加1。由于双稳态触发器有1和0两个状态，所以一个双稳态触发器可以表示一位二进制数，若要表示 n 位二进制数就得用 n 个触发器。例如，欲设计一个四位二进制加法计数器，必须用4个触发器，并且应使它们的状态按表9-2所示来变化。

二进制加法计数器的状态表　　　　　　　　　　　　表9-2

计算脉冲数	Q_3	Q_2	Q_1	Q_0
0	0	0	0	0
1	0	0	0	1
2	0	0	1	0
3	0	0	1	1
4	0	1	0	0
5	0	1	0	1
6	0	1	1	0
7	0	1	1	1
8	1	0	0	0
9	1	0	0	1
10	1	0	1	0
11	1	0	1	1
12	1	1	0	0
13	1	1	0	1
14	1	1	1	0
15	1	1	1	1
16	0	0	0	0

为实现二进制加法计数所要求的"逢二进一"，通常使用 T′ 触发器即计数触发器来构成计数器，因为 T′ 触发器每输入一个脉冲，其输出端状态就改变一次，每输入两个脉冲循环一次，正好可作为一位二进制计数器。因此，将 n 个 T′ 触发器串联起来就能构成一个 n 位二进制加法计数器。

因为 JK 触发器在 $J=K=1$ 时具有计数功能，即为 T′ 触发器，所以一个四位异步二进制加法计数器也可由4个主从型 JK 触发器组成，如图9-13所示。后级触发器的时钟脉冲由前级触发器的 Q 端提供。

D 触发器也可改装成 T′ 触发器，所以一个四位异步二进制加法计数器也可由4个维持阻塞型 D 触发器组成，如图9-14所示。

(2) 二进制减法计数器

表9-3是四位二进制减法计数器的状态表。

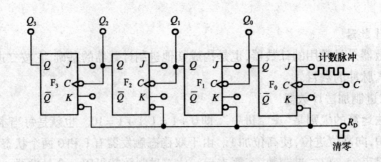

图 9-13 由主从型 JK 触发器组成的四位异步二进制加法计数器

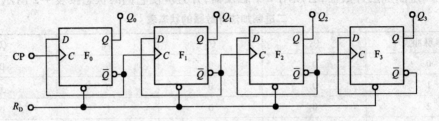

图 9-14 由维持阻塞型 D 触发器组成的四位异步二进制加法计数器

四位二进制减法计算器的状态表　　　　　　　　　表 9-3

计算脉冲数	Q_3	Q_2	Q_1	Q_0
0	1	1	1	1
1	1	1	1	0
2	1	1	0	1
3	1	1	0	0
4	1	0	1	1
5	1	0	1	0
6	1	0	0	1
7	1	0	0	0
8	0	1	1	1
9	0	1	1	0
10	0	1	0	1
11	0	1	0	0
12	0	0	1	1
13	0	0	1	0
14	0	0	0	1
15	0	0	0	0
16	1	1	1	1

从表中可以看出：随着输入计数脉冲数的递增，计数器的数值依次递减。

由于减法和加法使高位触发器发生翻转的条件正好相反，因此，异步加法计数器和异步减法计数器中各触发器级间的连接方式就应相反，方法如下。

若用下降沿触发的触发器构成计数器，在加法计数器中，是将前级（低位）触发器的 Q 端接至后级（高位）触发器的 C 端；在减法计数器中，是将前级触发器的 $\overline{Q}$ 端接至后级触发器的

C 端。例如要将图 9-13 中的加法计数器变换成减法计算器,只需前级触发器的 $\overline{Q}$ 端接至后级触发器的 C 端即可。

若用上升沿触发的触发器构成计数器,级间连接方法恰好相反:构成加法计数器时,要将前级触发器的 $\overline{Q}$ 端接至后级触发器的 C 端;构成减法计数器时,要将前级触发器的 Q 端接至后级触发器的 C 端。例如要将图 9-14 中的加法计数器变换成减法计算器,只需前级触发器的 Q 端接至后级触发器的 C 端即可。

2)十进制计数器

十进制计数器是在二进制计数器的基础上得出的,用四位二进制数来代表十进制的每一位数,所以也称为二—十进制计数器。最常用的是 8421BCD 码,它是取四位二进制数前面的"0000"~"1001"来表示十进制 0~9 的 10 个数码,而去掉后面"1010"~"1111"的 6 个数码。采用 8421BCD 码的十进制计数器结构上与二进制计数器基本相同,每一位十进制计数器由 4 个触发器组成。但在十进制加法计数器中,当计数到 9,即 4 个触发器的状态为"1001"时,再来一个计数脉冲,这 4 个触发器不能像二进制加法计数器那样翻转成"1010",而必须翻转成为"0000"。这就是十进制加法计数器与四位二进制加法计数器不同之处。表 9-4 是十进制加法计数器的状态表。

十进制加法计算器的状态表　　　　　表 9-4

计数脉冲数	二进制数				十进制数
	Q_3	Q_2	Q_1	Q_0	
0	0	0	0	0	0
1	0	0	0	1	1
2	0	0	1	0	2
3	0	0	1	1	3
4	0	1	0	0	4
5	0	1	0	1	5
6	0	1	1	0	6
7	0	1	1	1	7
8	1	0	0	0	8
9	1	0	0	1	9
10	0	0	0	0	进位

如图 9-15 所示的就是一种由 JK 触发器组成的异步十进制加法计数器。

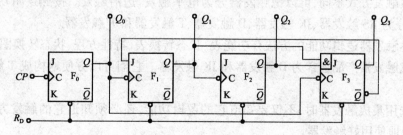

图 9-15　由 JK 触发器组成的异步十进制加法计数器

时钟方程:$CP_0 = CP, CP_1 = Q_0, CP_2 = Q_1, CP_3 = Q_0$

驱动方程:$J_0 = K_0 = 1$

$$J_1 = \overline{Q_3}, K_1 = 1$$
$$J_2 = K_2 = 1$$
$$J_3 = Q_1 Q_2, K_3 = 1$$

根据初始状态 $Q_3 Q_2 Q_1 Q_0 = 0000$ 以及 JK 触发器的功能,得到状态表如表 9-4 所示。

3) 任意进制计数器

除了上述二进制与十进制计数器外,有时也需要任意进制计数器。所谓任意进制计数器,是指每来 N 个计数脉冲,计数器的状态循环一次。这些计数器构成方法与十进制计数器类似,即通过改变各触发器的连线或附加一些控制门,使计数器跳过二进制计数器的某些状态。下面通过具体计数器电路进行分析。

[**例 9-3**] 分析图 9-16 所示逻辑电路的逻辑功能,并说明其用途。设初始状态为"000"。

解:

时钟方程: $\qquad CP_0 = CP_2 = CP, CP_1 = Q_0$

驱动方程: $\qquad J_0 = \overline{Q_2}, K_0 = 1$
$$J_1 = K_1 = 1$$
$$J_2 = Q_0 Q_1, K_2 = 1$$

根据初始状态 $Q_2 Q_1 Q_0 = 000$ 以及 JK 触发器的功能,得到状态表如表 9-5 所示。

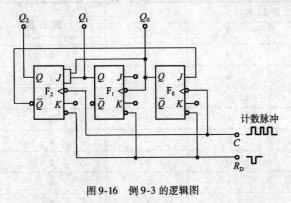

图 9-16 例 9-3 的逻辑图

计数器状态表　　表 9-5

计数脉冲数	Q_2	Q_1	Q_0
0	0	0	0
1	0	0	1
2	0	1	0
3	0	1	1
4	1	0	0
5	0	0	0

由表可见,经过五个脉冲循环一次,所以这是五进制计数器。

单元小结

(1) 触发器是具有记忆功能的逻辑电路,每个触发器能存储一位二进制数据。

(2) 按照触发方式不同,可以把触发器分为电平触发、边沿触发。按照逻辑功能不同,可以把触发器分为 RS 触发器、JK 触发器、D 触发器、T 触发器和 T′触发器。

(3) 描述触发器逻辑功能的方法有功能表、状态转换表、特性方程、状态转换图和时序图。

(4) 集成触发器产品通常为 D 触发器和 JK 触发器。它们可以方便地构成 T 触发器和 T′触发器。

(5) 在选用集成触发器时,不仅要知道它的逻辑功能,还必须知道它的触发方式,只有这样,才能正确地使用好触发器。

(6) 根据触发器按接受时钟信号的不同,可分为以下两种。

①同步时序电路:各触发器状态的变化都在同一时钟信号作用下同时发生。

②异步时序电路:各触发器状态的变化不是同步发生的,可能有一部分电路有公共的时钟

信号,也可能完全没有公共的时钟信号。

(7)计数器按计数进制分为 3 种:二进制计数器、十进制计数器和 N 进制计数器。如果计数器从 0 开始计数,在第 N 个计数脉冲输入后,计数器又重新回到 0 状态,完成了一次计数循环,则该计数器是 N 进制计数器。

思 考 与 练 习

(1)组合逻辑电路和时序逻辑电路有什么不同?

(2)同步时序逻辑电路和异步时序逻辑电路有什么不同?

(3)什么是"空翻"?如何解决"空翻"问题?

(4)当基本 RS 触发器的 $\bar{R}_D$ 和 $\bar{S}_D$ 端加上如图 9-17 所示的波形时,试画出 Q 端的输出波形,分别设初始状态为"0"和"1"两种情况。

(5)基本 RS 触发器组成如图 9-18a)所示的电路,若 A、B 和 CP 端的输入波形如图 9-18b)所示,画出 Q 端的输出波形。分别设初始状态为"0"和"1"两种情况。

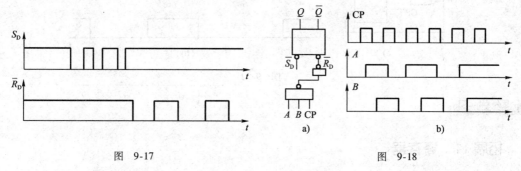

图 9-17   图 9-18

(6)当同步 RS 触发器的 CP、S、R 端加上如图 9-19 所示的波形时,试画出 Q 端的输出波形,分别设初始状态为"0"和"1"两种情况。

(7)当 JK 触发器(下降沿触发)的 CP、J、K 端加上如图 9-20 所示的波形时,试画出 Q 端的输出波形,分别设初始状态为"0"和"1"两种情况。

(8)当 JK 触发器(上升沿触发)的 C、J、K 端加上如图 9-20 所示的波形时。试画出 Q 端的输出波形,分别设初始状态为"0"和"1"两种情况。

(9)在如图 9-21a)所示的电路逻辑图中,如果 D 端和 CP 端的输入波形如习题 9 图(b)所示,画出相应的 Q_1、Q_2 端的输出波形,设 Q_1、Q_2 端的初始状态为"0"。

(10)D 触发器接成如图 9-22a)所示的电路,CP、A、B 端的输入波形如图 9-22b)所示,画出 Q 端输出波形,设初态为"0"。

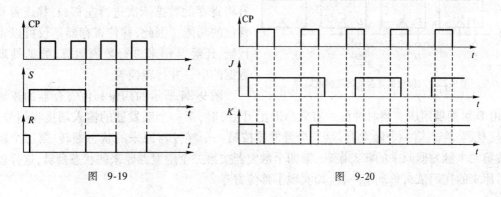

图 9-19   图 9-20

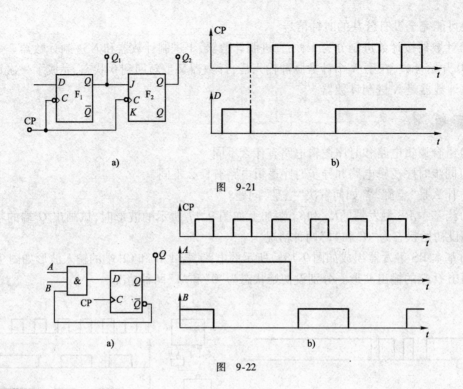

图 9-21

图 9-22

拓展学习

拓展11 寄存器

寄存器具有接收、寄存二进制代码的功能,在数字电路中应用非常广泛。常用的寄存器有数据寄存器和移位寄存器两种。

1) 数据寄存器

数据寄存器又称数据锁存器,由触发器和必要的控制门电路组成。N 个触发器组成的寄存器可以储存 N 位二进制代码。

图 9-23 所示的四位寄存器的逻辑电路由四个维持阻塞 D 触发器组成,能寄存四位二进制代码。当时钟脉冲有效(CP 上升沿)时,输入的代码 $D_3D_2D_1D_0$ 送入各触发器中,此时 $Q_3Q_2Q_1Q_0 = D_3D_2D_1D_0$,即实现了寄存代码的功能。

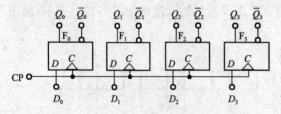

图9-23 四位数据寄存器的逻辑电路

2) 移位寄存器

移位寄存器除了可以存储代码以外,还具有将寄存的数据依次进行左移、右移或者双向移位的功能。因此,移位寄存器不仅可以寄存代码,还经常用来进行数值运算、数据处理和数据的串—并行转换等。

图 9-24 所示的四位移位寄存器的逻辑电路,由 D 触发器组成。当时钟脉冲有效(CP 上升沿)时,第一个触发器的输入端接收信号,此信号(代码)存入第一个触发器,第二个触发器按第一个触发器原来的状态翻转,第三个触发器按第二个触发器原来的状态翻转,第四个触发器按第三个触发器原来的状态翻转,这样就实现了原来的代码依次移动了一位,即实现了移位寄存。

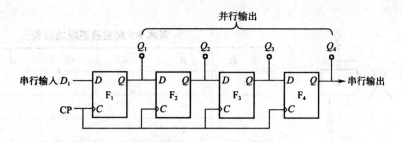

图9-24 四位移位寄存器的逻辑电路

3)集成移位寄存器

集成移位寄存器按结构可分为 TTL 型和 CMOS 型;按寄存数据位数可分为四位、八位、十六位等,按移位方向可分为单向和双向两种。图 9-25 所示为双向四位 TTL 型集成移位寄存器 74LS194 的引脚图,它具有双向移位、并行输入、保持数据和清除数据等功能。其中,$\overline{CR}$ 为异步清零端,S_1、S_2 为控制端,D_{SL} 为左移数据输入端,D_{SR} 为右移数据输入端,A、B、C、D 为并行数据输入端。

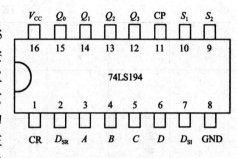

图 9-25 双向四位 TTL 型集成移位寄存器 74LS194 的引脚图

技能训练

实训 10 集成触发器的测试

1)技能训练目标

(1)学会测试触发器逻辑功能的方法。

(2)熟悉 RS 触发器、集成 JK 触发器和 D 触发器的逻辑功能及触发方式。

(3)熟悉数字逻辑实验箱中单脉冲和连续脉冲发生器的使用方法。

2)技能训练仪器及设备

(1)数字逻辑实验箱 1 台;

(2)万用表 1 只;

(3)元器件:74LS00(4-2 输入与非门)、74LS112(双下降沿 JK 触发器)、74LS74(双上升沿 D 触发器)(各一块),导线若干。

3)技能训练内容及步骤

(1)基本 RS 触发器逻辑功能测试。

在数字逻辑实验箱上用与非门(74LS00 4-2 输入与非门)组成基本 RS 触发器,连接如图 9-26 所示。

测试基本 RS 触发器的逻辑功能,在表 9-6 中记录其逻辑功能。

(2)集成 JK 触发器逻辑功能测试。

在数字逻辑实验箱上测试 74LS112(双下降沿 JK 触发器)的逻辑功能,在表 9-7 中记录其逻辑功能。

(3)集成 D 触发器逻辑功能测试。

在数字逻辑实验箱上测试 74LS74(双上升沿 D 触发器)的逻辑功能,在表 9-8 中记录其逻辑功能。

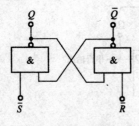

图 9-26 与非门组成的基本 RS 触发器

基本 RS 触发器逻辑功能表　　　表 9-6

步骤	$\bar{R}$	$\bar{S}$	Q	$\bar{Q}$	功能
1	0	0			
2	0	1			
3	1	0			
4	1	1			

JK 触发器逻辑功能表　　　表 9-7

步骤	$\bar{S}_n$	$\bar{R}_n$	J	K	CP	Q^{n+1}	
						$Q^n=0$	$Q^n=1$
1	1	1	0	0	0→1		
2					1→0		
3	1	1	0	1	0→1		
4					1→0		
5	1	1	1	0	0→1		
6					1→0		
7	1	1	0	1	0→1		
8					1→0		
9	1	0	×	×	×		
10	0	1	×	×	×		
11	0	0	×	×	×		

D 触发器逻辑功能表　　　表 9-8

步骤	D	CP	Q^{n+1}	
			$Q^n=0$	$Q^n=1$
1	0	0→1		
2		1→0		
3	1	0→1		
4		1→0		

4) 技能训练结果分析

比较各种触发器的逻辑功能及触发方式：

(1) 基本 RS 触发器，置 0、置 1、保持功能，有不定状态。

(2) JK 触发器，下降沿触发，置 0、置 1、保持、翻转功能，有低电平有效的直接置 0、置 1 端。

(3) D 触发器，上升沿触发，置 0、置 1 功能，有低电平有效的直接置 0、置 1 端。

单元 10

工程机械电子控制技术

知识目标

通过本单元的学习,认识、了解工程机械电子控制系统的组成和原理,以及电子控制技术在工程机械上的应用。

10.1 工程机械电子控制技术概述

近年来,随着电子技术、计算机技术和信息技术的应用,工程机械电子控制技术得到了迅猛的发展,尤其在控制精度、控制范围、智能化和网络化等多方面有了较大突破。电子控制技术已成为衡量现代工程机械发展水平的重要标志。

10.1.1 工程机械电子控制技术的发展

电子控制技术在工程机械上的应用就是机电一体化技术的体现。现代工程机械的一个重大特征就是将先进的制造工艺、电子技术与液压技术结合起来,其结合体在各类机械的应用代表了机械水平发展的一个重要方向。

现代工程机械正处在一个以机电液一体化技术发展为标志的时代。引入机电液一体化技术,使机械、液压技术和电子控制技术等有机结合,可以极大地提高工程机械的各种性能,如动力性、燃油经济性、可靠性、安全性、操作舒适性以及作业精度、作业效率、使用寿命等。目前,电液控制系统在现代工程机械中的应用已经相当普及,电子控制技术已经深入到工程机械的许多领域,如摊铺机和平地机的自动找平系统、自动供料和恒速行走系统,拌和设备的自动称量和温度控制系统,挖掘机的电子功率优化系统,柴油机的电子调速系统,装载机和铲运机的自动换挡系统,工程机械的状态监控与故障自诊断系统等。随着科学技术的不断发展对工程机械的性能要求不断提高,工程机械机电一体化技术的发展必将越来越快,主要表现在如下几个方面。

1) 数字化设计与制造技术的广泛使用

数字化设计与制造不仅贯穿企业产品开发的全过程,而且涉及企业的设备布置、物流、生产计划、成本分析等多个方面。数字化技术具有分辨率高、表述精度高、可编程处理、处理迅速、信噪比高、传递可靠迅速、便于存储、提取和集成、联网等重大技术优势。这些技术优势必然给产品的设计与制造带来新的方法和途径。数字化设计与制造技术的应用可以大大提高企业的产品开发能力,缩短产品研制周期,降低开发成本,实现最佳设计目标和企业间的协作,使企业能在最短时间内组织全球范围的设计制造资源,开发出新产品,大大提高企业的竞争能力。

2) 系列化、多用途

为了全方位地满足不同用户的需求,工程机械正朝着系列化、多用途方向发展。工程机械发展的重要趋势之一是逐步实现从微型到特大型不同规格的产品系列化。推动工程机械进入微型化发展阶段的因素首先源于电液技术的发展。通过合理设计电控及液压系统,使执行机构能够完成多种作业功能;安装在工作装置上的液压快速可更换联结器,可使各种附属作业装置的快速装卸及液压软管的自动联结等能在作业现场完成,甚至在驾驶室通过操纵手柄即可快速完成更换附属作业装置的工作。

为占领这一市场,各生产厂商都相继推出了多用途、小型和微型工程机械。如针对市政建筑发展操作优良的小型工程机械。另外,在工程机械的性能上还要做到改善移位和方向变换性能的高速化;安装简便、搬运性好的轻型化;提高作业效率并减少能耗的高效化等。

3) 多机电系统的总线管理

总线技术的发展,特别是针对运动系统实时控制的现场总线的发展,为工程机械的闭环实时控制提供了方便。广泛采用数据总线、多处理器、信息融合与调度技术,摒弃每个机电液子系统单独配备一套电子控制系统的传统模式,运用先进的系统管理策略,使机电液子系统的控制管理具有余度、任务重构和故障覆盖与自修复功能。从根本上改变现有机电液子系统单独控管的体系结构,将大幅度地减轻系统重量、提高可靠性和实现综合显示。如 CAN 总线使多个计算机的并行相互通信成为可能,这就大大地简化了计算机控制系统,降低了成本,推进了计算机控制工业化的进程。

4) 控制系统可靠性进一步加强

广泛应用于工程机械产品设计中的集液压、微电子及信息技术于一体的智能控制系统成为主流开发方向。计算机辅助驾驶系统、信息管理系统及故障诊断系统将依托微电子技术与信息技术的广泛应用而不断完善;电子监控和自动报警系统、自动换挡变速装置将被广泛采用;数字系统更容易实现多回路控制,在位置闭环控制中加上压力反馈(动压反馈),可扩展液压系统的频带。这样液压控制系统不仅适用于大功率而且可满足高精度高响应的要求。液压系统就比其他方式更有优越性,使液压技术更具有强大的生命力;用于物料精确挖(铲)、装、载、运作业的工程机械将安装 GPS 定位与载重量自动称量装置。

以施工工艺研究为基础,以计算机技术、微电子技术、信息技术、无线通信技术和自动控制技术的综合应用为手段,各种施工机群,如用于高速公路施工的沥青搅拌站、运输车、转运车和摊铺机即组成一个施工机群的智能化研究将相继展开。

5) 主动维护,提高故障诊断水平

要实现主动维护技术,必须要加强工程机械故障诊断方法的研究,使故障诊断现代化。加强故障诊断的理论研究,提高故障诊断的可行性,并深入应用模糊数学理论、灰色系统理论、神经网络理论进行故障诊断,不断提高故障诊断的理论水平和实用性。

总之,工程机械机电液一体化的发展趋势可以概括为以下三个方面:性能上向高精度、高效率、智能化的方向发展;功能上向小型、轻型化、多功能方向发展;层次上向系统化、复合集成化的方向发展。

10.1.2 工程机械电子控制系统基本组成和工作原理

1)基本组成

工程机械电子控制系统组成如框图 10-1 所示。

传感器是将某种变化的物理量或化学量转化成对应的电信号的元件。

电子控制单元 ECU,即工程机械的微机控制系统,是以单片机为核心而组成的电子控制装置,具有很强的数字运算和逻辑判断功能。

执行器是电子控制单元 ECU 动作命令的执行者,主要是各类机械式继电器、直流电动机、步进电动机、电磁阀或控制阀等执行器件。

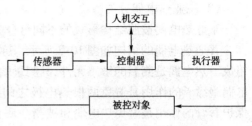

图 10-1 工程机械电子控制系统组成

2)基本工作原理

工程机械中的各类传感器,包括温度类传感器、位置类传感器和速度类传感器等,在工程机械运行时,实时检测温度、位置和速度等各类信号,并将这些信号转变为电信号,再将电信号发送给电子控制单元 ECU,ECU 接收到各种信号之后,对这些信号进行处理分析和逻辑判断,最终得出控制指令,并将控制信号发送给控制器,使各类执行器根据实时工况在控制器的控制下作相应的动作。

10.2 传 感 器

传感器是能感知外界信息并能按一定规律将这些信息转换成可用信号的装置;简单地说,传感器是将外界信号转换为电信号的装置,所以它由敏感元器件(感知元件)和转换器件两部分组成,有的半导体敏感元器件可以直接输出电信号,本身就构成传感器。

在工程机械上,传感器主要用来感知车辆运行过程中的温度、速度、压力、角度等物理量的变化情况。按传感器输出信号的形态来分,可分为:

(1)模拟量传感器,可用于检测压力、温度、液面、位移等物理量。

(2)脉冲量传感器,主要用于检测转速物理量。

(3)开关量,可用于检测压力、温度、液面、位移等物理量,主要用于报警控制。

下面介绍几种工程机械上常用的传感器。

10.2.1 温度传感器

1)热电偶传感器

热电偶传感器简称热电偶,是目前应用最广泛的一种接触式温度传感器。在沥青混凝土拌和设备中常用热电偶来测量热集料、成品料及沥青的温度;在沥青混凝土摊铺机中常用热电偶来测量熨平板的加热温度。

(1)工作原理

热电偶测温基于热电效应。如图 10-2 所示,将两种不同的导体(或半导体)组成一个闭合回路,当两接点的温度不同时,回路中就会产生电动势,这种现象称为热电效应,该电动势称为热电势。这两种不同的导体或半导体组成的闭合回路称为热电偶。导体 A 和 B 称为热电偶的热电极或热偶丝。热电偶的两个接点,一个测温时置于被测介质中,称为工作端或测量端;另一端为自由端,也叫参考端或冷端。

热电偶温度传感器是通过测定热电势来测温度的。如果A、B的材质均匀,热电势的大小与热电极长度上温度的分布无关,仅取决于两端的温度差。

(2)工业热电偶分类

工业热电偶按照结构形式的不同可分为普通型热电偶、铠装热电偶和薄膜热电偶等。

普通热电偶的结构如图10-3所示,其由热电偶、热电极绝缘子、保护套管和接线盒四部分组成。热电偶是测温的敏感元件,其测量端用两根不同的电热极丝(或电偶丝)焊接而成。热电偶绝缘子的作用是避免两根热电极之间以及和保护套之间的短路,它多由陶瓷材料制成。保护套管的作用是避免热电偶和被测介质直接接触而受到腐蚀、沾污或机械损伤。当温度在1 000℃以下时,多用金属保护套管;温度在1 000℃以上时,多用陶瓷保护套管。接线盒是将热电偶参考端引出供接线用,同时有密封、保护接线端子等作用。

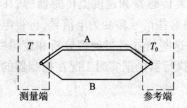

图10-2　热电偶原理

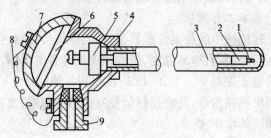

图10-3　普通热电偶

1-电偶测量端;2-热电极绝缘子;3-保护套管;4-接线盒;
5-接线座;6-密封圈;7-盖;8-链环;9-出线孔螺母

铠装式热电偶是由热电极、绝缘材料和金属保护套管三者组成的特殊结构热电偶。其可以制得很细、很长,并可以弯曲,因此又称之为套管式热电偶或缆式热电偶。铠装热电偶是拉制而成的,管套外径一般为1~8mm,最细可达到0.25mm,内部热电极常为0.2~0.8mm或更细,热电极周围用氧化镁或氧化铝填充,并采用密封防潮。

铠装热电偶与普通热电偶相比,具有体积小、精度高、响应速度快、可靠性及强度好、耐振动和冲击、柔软、可绕性好、便于安装等优点,因此在工业生产和实验中应用广泛,但在拌和设备中应用很少。

2)热敏电阻传感器

热敏电阻作为传感器可以用来测量冷却水的温度;也用于燃油油量报警电路。热敏电阻式温度传感器还用于空调控制系统。将负温度系数的热敏电阻传感器安装在空调的蒸发器壳体或者蒸发器片上,用来检测蒸发器表面温度的变化,依此来控制压缩机的工作状况。当蒸发器周围温度发生变化时,传感器的阻值也相应发生变化。

(1)工作原理及特点

热敏电阻是用陶瓷半导体材料制成的敏感元件,工作原理是热电阻效应。物质的电阻率随温度变化而变化的物理现象称为热电阻效应。

热敏电阻特点表现为电阻温度系数大、灵敏度高、热惯性小、体积小、结构简单、反应速度快、使用方便、寿命长、易于实现远距离测量,但它的互换型较差。

(2)分类

按照电阻值随温度变化的特点,热敏电阻可以分为以下三类。在工作温度范围内,电阻值随着温度的升高而增加的热敏电阻,称为正温度系数热敏电阻(PTC);电阻值随着温度的升高而减小的热敏电阻,称为负温度系数热敏电阻(NTC);在临界温度时,阻值发生锐减的称为临界温度热敏电阻(CTR)。PTC和CTR热敏电阻随温度变化的特性为巨变型,适合在某一较窄温度范围内作温度控制开关或供检测使用。NTC热敏电阻随温度变化的特性为缓变型,适合在较宽温度范围内做温度测量用,是工程机械中主要使用的热敏电阻。

按照氧化物比例的不同及烧结温度的差别,热敏电阻可以分为以下三类。工作温度在300℃以下的低温热敏电阻;300~600℃的中温热敏电阻和工作温度较高的高温热敏电阻。

10.2.2 转速传感器

转速传感器用以检测旋转体的转速。由于工程机械的行驶速度与驱动轮或其传动机构的转速成正比,测得转速便可知车速,因此转速传感器有广泛用来作为车速传感器使用。目前工程机械中常用的转速传感器有变磁阻式转速传感器、光电式转速传感器、霍尔式转速传感器、舌簧开关和接近开关等。

1) 变磁阻式转速传感器

变磁阻式转速传感器具有结构简单、输出阻抗低、工作可靠、价格便宜等优点,在工程机械中应用广泛。

图10-4为变磁阻式转速传感器的结构原理图。它由感应线圈1、软磁铁芯2、永久磁铁4、外壳5等组成。整个传感器固定不动,传感器与齿轮(由导磁性材料制成)的磁峰之间保持一定的间隙δ。

当齿轮转动时,齿峰与齿谷交替地通过传感器软磁铁芯,空气隙的大小发生周期性变化,使穿过铁芯的磁通也随之发生周期性地变化,于是在感应线圈中感应出交变电动势。该交变电动势的频率与铁芯中磁通变化的频率成正比,也就与通过铁芯端面的飞轮齿数成正比,即$f = nZ/60$Hz。其中n为齿轮转速,Z为齿轮齿数。将传感器输出信号经过放大、整形后,送到计数器或微机处理器中处理,就可以得出转速。

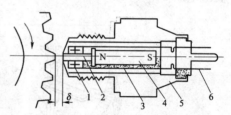

图10-4 变磁阻式转速传感器
1-感应线圈;2-软磁铁芯;3-连接线;4-永久磁铁;
5-外壳;6-接线片

2) 霍尔式转速传感器

霍尔式转速传感器采用触发叶片的结构形式。霍尔转速传感器由永久磁铁、导磁板、霍尔元件及霍尔集成电路等组成。在信号轮转动过程中,每当叶片进入永久磁铁与霍尔元件之间的气隙中时,霍尔元件中的磁场即被触发叶片所旁路(或称隔磁),这时不产生霍尔电压;当触发叶片离开气隙时,则产生霍尔电压。将霍尔元件间歇产生的霍尔电压信号经霍尔集成电路整形、放大和反向后,即得输送至微机控制装置的电压脉冲信号。

10.2.3 压力传感器

根据工作原理的不同,压力传感器有电阻应变式、压电式、电感式、电容式等,其中电阻应变式传感器在工程机械中应用最为广泛。它具有体积小、测量精度高、灵敏度高、性能稳定、使用简单等优点。应变片通过特殊的黏合剂紧密的黏合在应变基体上,当基体受力发生应力变化时,电阻应变片也一起产生形变,使应变片的阻值发生改变,从而使加在电阻上的电压发生变化。这种应变片在受力时产生的阻值变化通常较小,一般这种应变片都组成应变电桥,并通过后续的仪表放大器进行放大,再传输给处理电路(通常是 A/D 转换和 CPU 显示)或执行机构。

10.2.4 位移传感器

工程机械中最常用的角位移传感器是料位传感器和调平传感器,它们在推土机、平地机、沥青混合摊铺机、水泥混凝土摊铺机等设备的供料电控系统和自动找平电控系统中是必不可少的检测元件,在挖掘机上有检测回转机架与大臂角度及大臂与斗杆角度的传感器。常用的角位移传感器有电位器式、磁敏电阻式、差动变压器式等。

1) 电位器角式位移传感器

电位器式角位移传感器的敏感元件是电位器,利用电位器将输入角位移转化为与之成函数关系的电阻或电压输出。按照传感器中电位器的结构形式可将其分为绕线式、薄膜式、光电式;按照其特性曲线可将其分为线性电位器式和非线性(函数)电位器式。

绕线电位器式角位移传感器的结构和工作原理如图 10-5 所示。传感器主要由电位器和电刷两部分组成。电位器由电阻系数很高且极细的绝缘导线整齐地绕在一个绝缘骨架上制成,去掉与电刷接触部分的绝缘层,并加以抛光,形成一个电刷可在其上滑动的光滑而平整的接触道。电刷通常由具有弹性的金属薄片或金属丝制成,电刷与电位器间始终有一定的接触压力。检测角位移时,将传感器的转轴与被测角度的转轴相连,被测物体转过一定角度时,电刷在电位器上有一个对应的角位移,于是在输出端就有一个与转角成比例的输出电压 U_o。

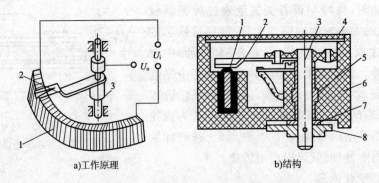

图 10-5 绕线电位器式角位移传感器
1-电阻元件;2-电刷;3-转轴;4-端盖;5-衬套;6-外壳;7-垫片;8-锁止片

绕线电位器式传感器的优点是性能稳定,容易达到较高的线性度和实现各种非线性特性。缺点是存在阶梯误差、分辨率低、耐磨性差、寿命较短。非绕线式电位器(薄膜式)在某些方面的性能优于绕线式电位器,因此在很多场合取代了绕线式电位器。

非绕线式电位器式角位移传感器的结构和工作原理如图 10-6 所示。

传感器主要由电位器、电刷、导电片、转轴和壳体组成。根据电位器敏感元件的材料和制作工艺的不同,电位器可分为合成膜、金属膜、导电塑料、金属陶瓷等类型。其共同特点是在绝缘基座上制成各种电阻薄膜元件,因此分辨率比线绕式电位器高得多,并且耐磨性好、寿命长,导电塑料电位器的使用寿命可高达上千万次。

光电电位器在工程机械中应用较少,它是一种非接触式、非绕线式电位器,其特点是以光束代替了常规的电刷。

2) 磁敏电阻式位移传感器

磁敏电阻式角位移传感器的主要元件是磁敏电阻和永久磁铁。磁敏电阻通常由半导体材料 InSb 或 InAs 制成,这种材料的电阻值随着外加磁场强弱的变化而变化,这种现象称为磁阻效应。

传感器工作时,将磁铁固定在轴上,当被测物体带动传感器轴转动时,磁铁与磁敏电阻间的距离发生变化,通过磁敏电阻的磁通量也变化,使得传感器的输出电阻或电压产生相应的变化。

InSb 磁敏电阻的灵敏度较高,在 1T(特斯拉)磁场中,电阻值可增加 10~15 倍。在强磁场范围内,线性较好,但受温度影响较大,需要采取温度补偿措施。

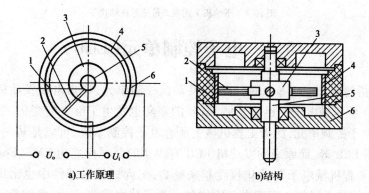

a) 工作原理　　　　b) 结构

图 10-6　非绕线电位器式角位移传感器

1、4-电阻元件;2-电刷;3-固定座;5-转轴;6-端盖

3) 光电式位移传感器

在光线作用下,半导体的电导率增加的现象称为光电效应。光电式传感器,是一种基于光电效应的传感器,在受到可见光照射后即产生光电效应,将光信号转换成电信号输出。光电传感器中的敏感元件有:光敏电阻、光电二极管、光电三极管、场效应光电管、雪崩光电二极管、电荷耦合器件等,适用于不同的场合。它除能测量光强之外,还能利用光线的透射、遮挡、反射、干涉等测量多种物理量,如尺寸、位移、速度、温度等,因而是一种应用极广泛的重要敏感器件。

光电测量时不与被测对象直接接触,光束的质量又近似为零,在测量中不存在摩擦和对被测对象几乎不施加压力。因此在许多应用场合,光电式传感器比其他传感器有明显的优越性。其缺点是在某些应用方面,光学器件相比电子器件价格较贵,并且对测量的环境条件要求较高。

激光传感器是光电传感器的一种,一般由激光发生器、光学零件和光电器件所构成,激光传感器工作时,先由激光二极管对准目标发射激光脉冲。经目标反射后激光向各方向散射。部分散射光返回到传感器接收器,被光学系统接收后成像到雪崩光电二极管上。雪崩光电二极管是一种内部具有放大功能的光学传感器,因此它能检测极其微弱的光信号。它能把被测物理量(如距离、流量、速度等)转换成光信号,然后应用光电转换器把光信号变成电信号,通过相应电路的过滤、放大和整流得到输出信号,从而算出被测量。如图 10-7 所示为平地机采用激光找平的工作原理:远处设置旋转式激光发射器→平地机上安装激光接收装置→控制器与基准信号对比→液压伺服控制系统→调整铲刀→符合设定数据。

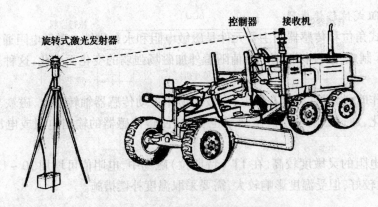

图 10-7 平地机采用激光传感器自动找平

10.3 电子控制单元(ECU)

ECU 原来指的是 Engine control unit,即发动机控制单元,特指电喷发动机的电子控制系统。但是随着工程机械电子的迅速发展,ECU 的定义也发生了巨大的变化,变成了 Electronic control unit 即电子控制单元,泛指工程机械上所有电子控制系统,可以是转向 ECU,也可以是调速 ECU,空调 ECU 等,而原来的发动机 ECU 有很多的公司称之为 EMS(Engine management system)。随着工程机械电子自动化程度越来越高,工程机械零部件中也出现了越来越多的 ECU 参与其中,线路之间复杂程度也急剧增加。为了使电路简单化,精细化,小型化,工程机械电子中引进了 CAN 总线来解决这个问题。因为 CAN 总线能将车辆上多个 ECU 之间的信息传递形成一个局域网络,有效地解决线路信息传递所带来的复杂化问题。

10.3.1 ECU 的基本组成

简单地说,ECU 由微机和外围电路组成。而微机就是在一块芯片上集成了微处理器(CPU)、存储器和输入/输出接口的单元。ECU 的主要部分是微机,而核心部件是 CPU。输入电路接受传感器和其他装置输入的信号,对信号进行过滤、处理和放大,然后转换成一定伏特的输入电平。从传感器送到 ECU 输入电路的信号既有模拟信号也有数字信号,输入电路中的模/数转换器可以将模拟信号转换为数字信号,然后传递给微机。微机将上述已经预处理过的信号进行运算处理,并将处理数据送至输出电路。输出电路将数字信息的功率放大,有些还要还原为模拟信号,使其驱动被控的调节伺服元件工作,例如继电器和开关等。因此,ECU 实际上是一个"电子控制单元"(Electronic control unit),它是由输入处理电路、微处理器(单片机)、输出处理电路、系统通信电路及电源电路组成的结构,如图 10-8 所示。

详细地说,ECU 一般由 CPU,扩展内存,扩展 I/O 口,CAN/LIN 总线收发控制器,A/D、D/A 转换口(有时集成在 CPU 中),PWM 脉宽调制,PID 控制,电压控制,看门狗,散热片和其他一些电子元器件组成,特定功能的 ECU 还带有诸如红外线收发器、传感器、DSP 数字信号处理器、脉冲发生器、脉冲分配器、电机驱动单元、放大单元、强弱电隔离等元器件。整块电路板设计安装于一个铝质盒内,通过卡扣或者螺钉方便地安装于车身钣金上。ECU 一般采用通用且功能集成、开发容易的 CPU;软件一般用 C 语言来编写,并且提供了丰富的驱动程序库和函数库,有编程器、仿真器、仿真软件,还有用于 Calibration 的软件。图 10-9 是使用较普遍的一种结构类型。

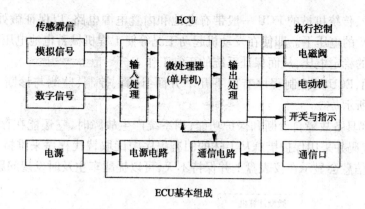

图 10-8 ECU 组成

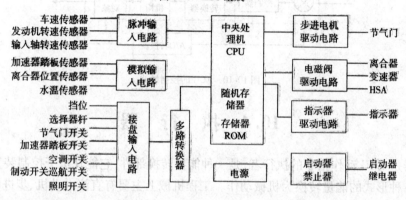

图 10-9 ECU 结构类型示意图

10.3.2 ECU的基本机构体系

工程机械电子控制系统：包括硬件和软件两部分，硬件有电子控制单元（Electronic control unite）及其接口、传感器、执行机构、显示机构等；软件存储在 ECU 中支配电子控制系统完成实时测控功能。工程机械上的大部分电子控制系统中的 ECU 电路结构大同小异，其控制功能的变化主要依赖于软件及输入、输出模块的功能变化，随控制系统所要完成的任务不同而不同，而 ECU 的基本结构体系包括输入处理电路、微处理器、输出处理电路、电源电路。

在输入处理电路中，ECU 的输入信号主要有三种形式，模拟信号、数字信号（包括开关信号）、脉冲信号。模拟信号通过 A/D 转换为数字信号提供给微处理器。控制系统要求模数信号转换具有较高的分辨率和精度（>10 位）。为了保证测控系统的实时性，采样间隔一般要求小于4ms。数字信号需要通过电平转换，得到计算机接受的信号。对超过电源电压、电压在正负之间变化、带有较高的振荡或噪声、带有波动电压等输入信号，输入电路也对其进行转换处理。

而微处理器首先完成传感器信号的 A/D 转换、周期脉冲信号测量和其他有关工程机械工作状态信号的输入处理，然后计算并控制所需的输出值，按要求适时地向执行机构发送控制信号。过去微处理器多数是 8 位和 16 位的，也有少数采用 32 位的。现在多用 16 位和 32 位机。

在输出电路中，微处理器输出的信号往往用作控制电磁阀、指示灯、步进电动机等执行件。微处理器输出信号功率小，使用 +5V 的电压，工程机械上执行机构的电源大多数是蓄电池，需要将微处理器的控制信号通过输出处理电路处理后再驱动执行机构。

电源电路中,传统机械的ECU一般带有电池和内置电源电路,以保证微处理器及其接口电路工作在+5V的电压下。即使在发动机起动工况等使工程机械蓄电池电压有较大波动时,也能提供+5V的稳定电压,从而保证系统的正常工作。

在软件方面,ECU的控制程序有以下几个方面:计算、控制、监测与诊断、管理、监控、执行,如图10-10所示。

ECU一般都具备故障自诊断和保护功能,当系统产生故障时,它还能在存储器(RAM)中自动记录故障代码并采用保护措施从上述的固有程序中读取替代程序来维持发动机的运转。同时,这些故障信息会显示在仪表盘上并保持不灭,可以提醒车主及时发现问题并进行处理。

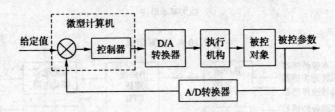

图10-10 ECU的控制模式

10.4 执 行 器

执行器是ECU动作指令的执行者,是一种能量转换部件,它能在电子控制装置的控制下,将输入的各种形式的能量转换为机械动作。工程机械上主要有直流电动机、步进电动机、电磁阀或控制阀、机械式继电器等执行器件。

执行器由执行机构和调节机构两部分组成。调节机构通过执行元件直接改变动作过程的参数,使动作过程满足预定的要求。执行机构则接受来自控制器的控制信息把它转换为驱动调节机构的输出(如角位移或直线位移输出)。下面介绍工程机械常见的几种执行器。

10.4.1 电动机

1) 交流电动机

交流电动机适合作为电力驱动方式的工程机械,如电动式推土铲、电动式挖掘机等,作为动力装置来驱动机械运行工作。

2) 直流电动机

(1) 伺服直流电动机适合于精密控制,因而它作为机电车辆的执行器,多用于发动机的节流控制上。

(2) 启动用直流电动机在机电车辆启动时能提供足够大的力矩和速度,以带动发动机。

3) 步进电动机

步进电动机是一种将电脉冲信号转变为角位移或线位移的控制元件。在挖掘机的加速控制系统中控制器的驱动信号使步进电动机转动,拉动加速拉杆,调节发动机输出功率。

10.4.2 电磁阀

电磁阀的工作原理:利用电磁铁电磁线圈通电后产生的电磁力来控制电磁阀滑阀的运动,从而控制流体流动方向、压力和流量。电磁线圈断电后,在复位弹簧的作用下阀芯回到原位。

电磁阀主要电磁铁、阀总成、弹簧、阀体等组成,如图 10-11 所示。

1) 电磁换向阀

电磁换向阀是利用电磁铁的通、断电来直接推动滑阀来控制流体通路的连通状态。改变流体流动的方向。如控制工程机械工作装置液压油缸的运行方向。

2) 电液比例电磁阀

电液比例阀的滑阀移动量由通过电磁铁的电流大小决定,移动位移与电流的大小成正比,从而使流体输出的压力、流量的大小与电流的变化成一定的比例关系。阀芯位移也可以以机械、液压或电的形式进行反馈。它广泛用于控制工程机械工作装置液压油缸的速度及压力的调节。

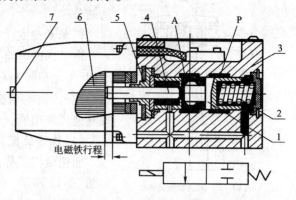

图 10-11 二位二通电磁阀
1-阀芯;2-弹簧;3-阀体;4-推杆;5-密封;6-电磁铁;7-手动推杆

电液比例阀具有形式种类多样,如在节流阀与电磁阀间通过先导滑阀,用先导阀控制节流阀前后的压力,从而调整开度;也有的是用小的电流输出,控制大的流量。

电液比例阀容易组成使用电气及计算机控制的各种电液系统,具有控制精度高、安装使用灵活以及抗污染能力强等多方面优点,因此应用领域日益拓宽。近年研发生产的插装式比例阀和比例多路阀充分考虑到工程机械的使用特点,具有先导控制、负载传感和压力补偿等功能。它的出现对移动式液压机械整体技术水平的提升具有重要意义。电液比例阀对简化工程机械操作、提高效率和作业精度以及实现智能化作业都有着极其重要的意义,特别是在电控先导操作、无线遥控和有线遥控操作等方面展现了其良好的应用前景。

3) 开关电磁阀

开关电磁阀只有两种工作状态,电磁阀电磁铁有电流流通或切断,则流体回路流通或停止,例如挖掘机的回转停车制动阀。

10.4.3 继电器

继电器是自动控制电路中常见的一种元件,由于其小电流控制大电流的特性,在工程机械电路中主要起保护开关和自动控制的作用。

继电器主要有电磁继电器和电子继电器。电磁继电器几乎使用于所有工程机械机型,多的机型中 1 台达 30 多个。

10.5 电子控制技术在工程机械上的应用

近年来,随着电控制技术的发展,电控操纵系统已成为工程机械的重要组成部分,在发达国家的工程机械领域得到普遍应用。

10.5.1 挖掘机电子加速控制

电子加速控制系统是现代挖掘机电控技术的核心,实现自动控制的基础,可以显著地提高发动机功率的利用率,减少排放,降低发动机和液压元件的工作强度,提高设备的使用性能和可靠性。加速实现电子控制是挖掘机实现功率匹配和其他控制的基础,加速控制要受两个因素的作用,一是驾驶员操作调节,二是机器根据作业情况自动调节。

1) 结构组成

电子加速电路是动力系统电子技术的核心,主要包括加速旋钮(发动机控制盘)、MC控制器(主控制器)、加速控制器、加速马达(步进电动机)、加速硬杆或加速推拉轴、加速电缆线以及其他线束组成。

(1) 加速旋钮

加速旋钮又称加速电位器、发动机控制表盘等,结构组成如图10-12所示。

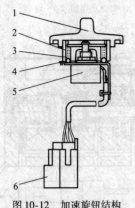

图10-12 加速旋钮结构

1-旋钮;2-刻度盘;3-弹簧;4-球;5-电位计;6-接插件

加速旋钮的工作原理:加速旋钮对外有A、F、B、E、D共5根导线,D为负极线。各速度挡位和导线之间的关系如表10-1所示。

导线与挡位关系　　　　　　　　　　　表10-1

导线	A	F	B	E	D
挡位值	1	2	4	8	0

转动旋钮,加速电位器内可变电阻器的电阻值变化,加速电位器的电源通过主控制器提供。将加速旋钮旋至不同的位置。电位器便输出不同的电压。该电压代表选定的发动机转速大小。十挡加速旋钮,加速电位器有10个位置,主控制器发出10个速度信号,可使发动机输出10种转速,空载转速在1 000~2 200r/min之间变化。

(2) 主控制器

主控制器如图10-13所示,是液压挖掘机电子动力优化系统的中枢。

其基本组成部分有中央处理单元、存储器、I/O接口、人机界面及系统支持单元等。控制核心CPU的选择将中央处理单元、随机存储器、只读存储器、定时/计数器和I/O接口都集成在一个芯片上的单片机。

挖掘机系统的程序设计主要由主程序、调速子程序、怠速子程序和按键程序等几个部分组成,主控制器接受系统中各传感器和各种开关发出的电信号,对所接收的信号进行分析处理后,发出控制信号,通过发动机加速马达、开关电磁阀、比例电磁阀等对发动机转速、液压泵排量、压力补偿阀开度等进行自动控制,使机器随时处于最佳工作状态。

(3) 加速控制器

加速控制器根据其工作电源分为12V与24V两种。加速控制器接收由主控制器发来的加速控制信号,并将控制信号转换为驱动加速步进电动机的电流,以控制加速步进电动机转角的大小及方向,从而控制发动机转速。

(4) 加速马达

加速马达又称加速执行器,由加速控制器发出

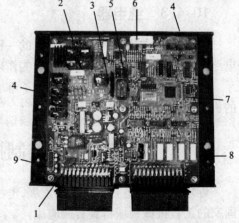

图10-13 主控制器

1-电源部位;2-马达驱动部位;3-EPPR阀电流驱动部位;4-电磁阀驱动部位;5-防重起继电器;6-自诊LED灯;7-CPU(μ-处理器);8-数字信号输入部位;9-Serial(RS-232)通信控制部位

的控制信号来驱动步进电动机转动相应角度,同时步进电动机带动喷油泵调速杆,从而控制发动机转速和输出功率。步进电动机轴转至不同位置时,便对应不同的供油量。为了检测步进电动机轴转动的实际角度,电动机又通过齿轮传动带动一电位器,控制器通过测量电位器的输出电压,而间接测出电动机轴的转角即加速拉杆的位置。直到步进电动机转角电位器所反馈的电动机实际位置(即实际供油量或发动机转速)与加速旋钮的位置相符为止。

(5) 转速传感器

液压挖掘机基本都是采用变磁阻式转速传感器,其外形如图 10-14 所示。它固定在飞轮壳的上方,用以检测发动机的实际转速。

变磁阻式转速传感器具有结构简单、输出阻抗低、工作可靠、价格便宜等优点,在工程机械中应用广泛。

(6) 显示器

液压挖掘机仪表显示器一般由液晶显示区、报警显示区和按键功能区组成,如图 10-15 所示。

图 10-14 转速传感器外形

仪表显示电路主要包括控制器、显示器、各种信号输入以及相关线束。各种信号输入至控制器各端口后,经过算法运算后,转化成对应量的数值输出到显示器上。就整机信号输入而言,主要分为仪表功能按键输入和外界反馈输入。

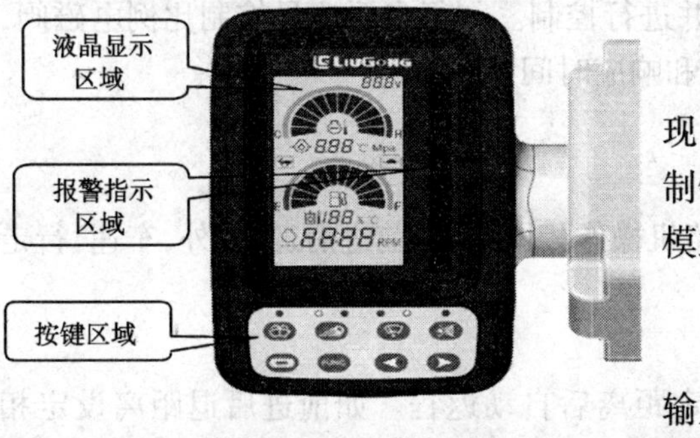

① 仪表功能按键输入

仪表功能按键通过仪表下方的功能按键来实现。功能按键包括操作键和功能控制键。功能控制键根据生产厂家的不同有所区别,主要包括工作模式选择、自动怠速控制选择、行走快/慢切换。

② 外界反馈输入

外界反馈输入主要有点火开关输入、增力开关输入、GPS 信号输入、加速旋钮信号输入、步进电动机反馈信号输入和各类传感器信号输入等。这里主要讨论仪表上的功能按键输入。其中钥匙开关输入包括上电信号、预热信号、起动信号、停车信号等;传感器信号输入包括水温信号、油温信号、机油压力信号、油位信号、空滤开关信号、油滤开关信号、油水分离开关信号和怠速压力开关信号。

图 10-15 显示器

2) 工作原理

如图 10-16 所示为电子加速控制的基本流程。加速旋钮提供一个加速挡位信号,主控制器采集到这个电信号并输出方向控制信号和脉冲控制信号给加速控制器,加速控制器将其转化成加速马达可识别的驱动电流(大小、方向),从而通过电动机拖动,控制发动机喷油泵加速

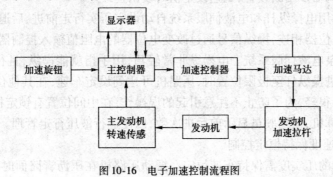

图 10-16 电子加速控制流程图

摆杆的行程。与此同时,步进电动机内部位置传感器会实时将加速位置信号反馈给主控制器,主控制器通过比较加速位置反馈信号和加速电位器给定的加速信号来修正输出到加速控制器的控制信号,从而保证了加速位置。

10.5.2 振动压路机智能行走电子控制系统

振动压路机的作业质量过去主要依靠驾驶员的经验和技术,驾驶员的劳动强度很大。利用振动压路机的电子控制系统具有以下优点:

(1)提高作业质量,进行施工质量管理,使压实均一化,提高表面精度。

(2)减轻驾驶员的劳动强度。

1)电子控制系统的基本组成

压路机电子控制系统由以下基本元件组成。

(1)传感器:滚轮转速传感器。

(2)操纵开关:手动和自动操纵转换开关、行走车速设定开关。

(3)控制器:由微处理机和接口电路组成,对传感器输入信号处理后,对输出控制信号进行控制。

(4)显示器:显示行走距离、行走速度等。

(5)执行元件:接受控制器输出的控制信号并进行控制。如行走泵流量控制比例电磁阀,它根据控制器输出的电流控制油泵的流量、方向和响应时间。

2)操纵方法

(1)手动方式

采用电子控制系统的振动压路机和一般压路机操作相同,控制前进后退;另外,车速、行走距离和振动频率都能显示。

(2)自动模式

按启动开关,振动压路机开始行走,到达设定距离后自动返程。如前进后退距离设定相等,如后退距离比前进距离设定较短。这样往返,可得均一滚压次数的压实。行走速度和加减速度由设定旋钮来设定。起振车速由其设定旋钮来设定,到达起振车速自动振动,低于此车速,振动自动停止。压路机停止时按停车开关,按设定的减速度停车,紧急情况下可跳转制动。在此模式下,驾驶员只需操纵转向,大大减轻了疲劳强度。

3)行走控制

(1)设定压实前进、后退行走距离控制

由设计开关设定行走距离,通过装在滚轮上的传感器检出行走距离,当接近设计距离时控制器输出信号,蜂鸣器发出断续音,到达设定值时发出连续声。

行走控制通过用电操纵杆和电液伺服系统自动设定压实行走前进、后退距离和往复行走。前后进操纵杆和电位器相连,操纵信号通过改变电位器的电阻值输入控制器,控制器发出电信号,可以操纵变量泵电液伺服系统。电操纵非常轻巧,用手指就能操纵,且行程小。车速由旋钮来设定,当前后进操纵杆至极限位置时,压路机可达到设定车速,在其他位置则低于设定车速。由于杠杆操纵很轻,为了防止不注意引起的误操作,在中间位置有锁定机构。同时将滚压距离、次数输入计算机,向驾驶员显示前后进次数,以便进行液压行走管理。

(2)设定行驶速度保持恒定控制

为了达到均匀的压实度需保持车速恒定。振动压路机在压沥青路面时,如果行走速度不均,由于车速和振动频率相互关系的变化,对滚压面的加振节距改变,将使表面压实加工出现不均。一般压路机的车速可由改变发动机转速(即控制加速按钮)和改变油泵排量(即操纵前进后退手柄行程)来调速,但发动机转速调速将影响振动频率,需采用调节油泵排量来改变车速,但由驾驶员操纵手柄来调整车速,会增加驾驶员的负担,而且较难设定正确的车速,需采用自动控制。

(3)加减车速控制

压路机滚轮急启动或急停,会使路面拱起,影响地面的平整度。特别是对薄而软的混合土进行压实时,会使压实表面形成明显的波纹。希望压路机起步平稳和停车缓和,即要求控制起步、停车时的加减速度,特别是前后换向过程中,要求保证加减速平稳性,还要换向迅速。通过在每一个滚轮上安装行走距离传感器,计算行走速度,进行各种控制。

单元小结

工程机械电控系统由传感器、电子控制单元 ECU 和执行元件组成。

传感器是将某种变化的物理量或化学量转化成对应的电信号的元件。

电子控制单元 ECU,即工程机械的微机控制系统,是以单片机为核心而组成的电子控制装置,具有很强的数字运算和逻辑判断功能。

执行器是电子控制单元 ECU 动作命令的执行者,主要是各类机械式继电器、直流电动机、步进电动机、电磁阀或控制阀等执行器件。

思考与练习

(1)试述工程机械上采用电子控制系统的优势。

(2)工程机械电子控制系统由哪些组成?

(3)传感器有何作用?工程机械上使用了哪些类型的传感器?举例说明。

(4)在控制电路中 ECU 的作用是什么?

(5)工程机械常见的执行器有哪些?

(6)传感器在混凝土拌和设备中如何应用?

(7)电磁阀是如何采用电子信号工作的?

(8)试述挖掘机的电子油门的控制方式。

拓展学习

拓展12 CAN 总线网络

随着电控器件在工程机械上越来越多的应用,车载电子设备间的数据通信变得越来越重要。以传统的数据通信方式,每项信息均通过各自独立的数据线进行交换,已经不能满足电子控制系统越来越复杂,所需传输的信息量也越来越大的要求。所以车载电子网络系统变得十分必要。大量数据的快速交换、高可靠性及低成本是对车载电子网络系统的要求,在该系统中,各子处理机独立运行,控制改善某一方面的性能,同时在其他处理机需要时提供数据服务。主处理机收集整理各子处理机的数据,并生成车况显示。

(1)CAN 总线技术简介

1986年2月,博世公司在汽车工程协会(SAE)大会上介绍了一种新型的串行总线——

控制器局域网（Control Area Network，CAN），这就是CAN诞生的时刻。今天，在欧洲，几乎每一辆新客车上均装配有CAN局域网。CAN总线是国际上应用最广泛的现场总线之一，最初被设计用作汽车电子控制单元（Electric Control Unit，ECU）的串行数据传输网络，现已被广泛应用于欧洲的中高档汽车中。近几年来，由于CAN总线极高的可靠性、实时性，CAN总线开始进入中国各个行业的数据通信应用，并于2002年被确定为电力通信产品领域的国家标准。

CAN总线网络使用普通双绞线作为传输介质，采用直线拓扑结构，单条网络线路至少可连接110个节点，当通信距离不超过40m时，数据传输速率可达1Mbps，最远通信距离可达10km（使用标准CAN收发器PCA82C250/251芯片）。

CAN总线网络为多主结构网络，根据信息帧优先级进行总线访问，大大提高了系统的性能；CAN总线采用短帧报文结构，实时性好，并具有完善的数据校验、错误处理以及检错机制；此外，CAN总线节点在严重错误下会自动脱离总线，对总线通信没有影响。CAN总线网络中，数据收发、硬件检错均由CAN控制器硬件完成，大大增强了CAN总线网络的抗电磁干扰能力。

CAN总线的适用范围：可用于节点数目很多，传输距离在10km以内，安全性要求高的场合；也可用于对实时性、安全性要求十分严格的机械控制网络。

目前，国内的汽车、电梯行业已是CAN应用的典型领域，工业控制、智能楼宇、工程机械等行业也得到了广泛的应用。

(2) CAN总线技术在工程机械行业中的发展

由于嵌入式电脑、网络通信、微处理器、自动控制等先进技术的日渐广泛应用，工程机械控制系统的性能和集成度已经有了很大的提高，工程机械的操作便利性、安全性都得到了大幅度提高。在国内外众多的工程机械中都有CAN总线的应用，特别是采用电控柴油机的工程机械，已经无一例外地采用了CAN总线技术。这主要是因为电控柴油机的电子控制装置都是采用基于CAN总线技术的国际标准J1939协议设计的，这也大大地促进了CAN总线技术在工程机械领域的应用，因为工程机械的主要动力源都是采用柴油机进行驱动的。

工程机械的作业对象多变，环境恶劣，这就要求其具有良好的自适应能力和极高的可靠性。要满足这些要求，在很大程度上取决于机器的智能化程度，因此机器上必须有能够对作业过程进行识别，进行最优控制的电控系统，这就导致电控系统的复杂程度越来越高，对电控系统的可靠性要求也越来越高。而CAN总线技术恰恰能够适应这一需要。

传统的控制系统结构示意如图10-17所示，在基于集中控制方式的工程机械中，一方面由于多个ECU单元的使用，各ECU之间的通信越来越复杂，必然导致了更多的信号连接线，使控制系统安装、维护手续烦琐，运行的可靠性、应用的灵活性有所降低，维修难度增大；另一方面，为提高系统中信号的利用率，要求有大量的数据信息可以在不同的控制单元中共享，大量的控制信号也需要实时交换。传统的集中式控制系统已落后于工程机械中现代通信功能的需求。

因此，如何提高系统的性能，开发通信应用的灵活性和方便性，降低使用和维护的成本是必须解决的问题，而CAN总线在工程机械控制系统中的应用也能够有效解决这些问题。

CAN总线由于良好性能，特别适合于工程机械中各电子单元之间的互连通信。随着CAN总线技术的引入，工程机械中基于CAN总线的分布式控制系统取代原有的集中式控制系统，

传统的复杂线束被 CAN 总线所代替：系统中各种控制器、执行器以及传感器之间通过 CAN 总线连接，线缆少、易敷设，实现成本低，而且系统设计更加灵活，信号传输可靠性高，抗干扰能力强。

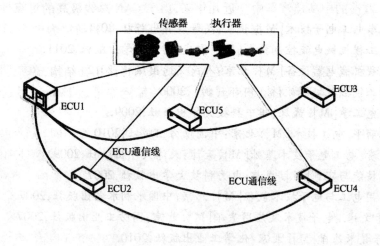

图 10-17 工程机械传统控制系统结构示意图

目前，CAN 总线技术在工程机械上的应用越来越普遍。国际上一些著名的工程机械大公司如 CAT、VOLVO、利勃海尔等都在自己的产品上广泛采用 CAN 总线技术，大大提高了整机的可靠性、可检测和可维修性，同时提高了智能化水平。而在国内，CAN 总线控制系统也开始在工程汽车的控制系统中广泛应用，在工程机械行业中也正在逐步推广应用。

(3) 工程起重机 CAN 总线网络

起重机是以间歇、重复的工作方式，通过起重吊钩或其他吊具起升、下降，或升降与运移物料的机械设备。以起重机为例，其基于 CAN-bus 总线的典型控制系统基本结构如图 10-18 所示。CAN 总线的应用使工程机械控制系统功能具有良好的可扩展性，易于实现对各分系统的集中监测和管理。此外，CAN 总线的应用使用户的使用、维护、故障诊断更加灵活和方便，例如起重机在出厂调试时，工厂计算机系统可以通过 CAN 总线访问其控制系统，记录保存调试数据，以作为在故障时维修的原始参考数据。

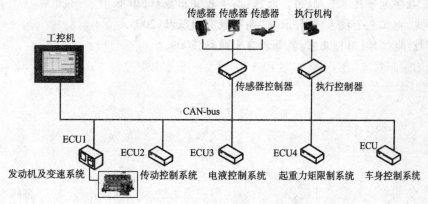

图 10-18 基于 CAN 总线的起重机控制系统结构示意图

参 考 文 献

[1] 刘皓宇.汽车电工电子技术[M].北京:高等教育出版社,2011.
[2] 蒋波.现代工程机械电液控制技术[M].重庆:重庆大学出版社,2011.
[3] 王安新.工程机械电器设备[M].北京:人民交通出版社,2012.
[4] 刘国新.柳工挖掘机培训教材.(内部刊物),2006.
[5] 王平.简明电工学[M].武汉:华中科技大学出版社,2009.
[6] 栾学德,王丽平.电工技术[M].北京:中国电力出版社,2010.
[7] 李殷,黄长贵.电工电子技术基础[M].天津:天津大学出版社,2009.
[8] 顾民.电工技能与实训[M].成都:电力科技大学出版社,2007.
[9] 苏建春.实用电工与电子技术教程[M].北京:中国水利水电出版社,2007.
[10] 袁光德,李文林.电子技术及应用基础[M].北京:国防工业出版社,2007.
[11] 张立.电子技术基础[M].北京:化学工业出版社,2010.
[12] 刘培玉.电工操作技术[M].合肥:安徽科学技术出版社,2008.
[13] 张永生.模拟电子技术[M].合肥:安徽大学出版社,2006.
[14] 史仪凯.电子技术(电工学2 第二版)[M].北京:科学出版社,2008.
[15] 代昀.电子技术基础[M].北京:北京工业大学出版社,2006.
[16] 孙懋珩.交通电子技术[M].上海:同济大学出版社,2007.
[17] 张石,刘晓志.电工技术[M].北京:机械工业出版社,2011.
[18] 牛百齐,徐斌.电工技术[M].北京:机械工业出版社,2010.
[19] 蒋安忠.中小电动机使用与维修问答[M].北京:机械工业出版社,2011.
[20] 阮立志,裴咏枝.电子技术基础[M].北京:机械工业出版社,2007.
[21] 庄丽娟.电子技术基础[M].北京:机械工业出版社,2010.
[22] 吕强.电子技术基础[M].北京:机械工业出版社,2007.
[23] 陈振源.电子技术基础[M].北京:高等教育出版社,2006.
[24] 阎石.数字电子技术基础[M].北京:高等教育出版社,2006.
[25] 陈小虎.电工电子技术[M].北京:高等教育出版社,2005.
[26] 秦曾煌.电工学[M].北京:高等教育出版社,2009.